Helmut Veil

Aeronautiker zwischen Ballon und Vogelflug

Helmut Veil

Aeronautiker zwischen Ballon und Vogelflug

Szenen aus der Kulturgeschichte des Fliegens

Humanities
Online

Bibliografische Information der Deutschen Nationalbibliothek
Die Deutsche Nationalbibliothek verzeichnet diese Publikation in der Deutschen Nationalbibliografie; detaillierte bibliografische Daten sind im Internet über http://dnb.ddb.de abrufbar.

Frankfurt am Main, Germany
www.humanities-online.de
info@humanities-online.de

ISBN 978-3-941743-41-0

Umschlaggestaltung: Uwe Adam
Titelbild: *Aerial Transit Company*. Werbeplakat 1843
Printed in Germany

Dieses Buch ist auch als E-Book erhältlich:
www.humanities-online.de

Inhalt

Vorwort

Dies ist keine weitere Technikgeschichte der Luftfahrt. Es ist der Versuch, den frühen Erfindern ein Gesicht zu geben und aus ihren Leben zu erklären, warum es 120 Jahre vom Ballonflug der Gebrüder Montgolfier 1783 bis zum Motorflug der Gebrüder Wright gedauert hat. Es war anscheinend nicht leicht zu akzeptieren, dass ein schwerer Mensch wie ein schwerer Vogel fliegen könnte, und es wurden die verlacht, die es versuchten.

George Cayley war bereits Anfang des 19. Jahrhunderts auf der richtigen Spur, doch weder er noch andere haben sie weiter verfolgt. Interessierter Zeuge dieser hartnäckigen Blockaden wurde 80 Jahre später der Eisenbahningenieur Octave Chanute, der in »Progress in Flying Machines« die Spreu vom Weizen phantastischer Fluggeräte trennte und damit den Gebrüdern Wright auf ihre kurzen Sprünge half. Er beschrieb die Flugeigenschaften der Apparate und nur selten die ihm unbekannten Erfinder, sie blieben Etiketten und klebten am Produkt. Ihre Biographien und die der Mitglieder der britischen und französischen aeronautischen Gesellschaften bieten jedoch Einsichten, die aus der reinen Technikgeschichte eine Kulturgeschichte der Beschleunigung aller Transport- und Nachrichtenwege machen, Triebkraft der gesellschaftlichen und geopolitischen Veränderungen des 19. Jahrhunderts. Zunächst ein Spiel mit Drachen und Propellern, bei dem die Seele weiter fliegt, selbst wenn sich der Apparat verweigert, entglitt der Kindertraum vom Fliegen den Dilettanten und geriet in die Hände zielstrebiger Ingenieure.

Erstaunlich, wie spät die Erkenntnis reifte, dass im scheinbar schwerelosen Segelflug großer Vögel das Geheimnis des Auftriebs verborgen liegt, eines Auftriebs, der beim Drachensteigen direkt spürbar ist. Das ganze Jahrhundert hindurch glaubten Erbauer von Fluggeräten an einen Erfolg durch schlagende Flügel, und Physiker übten sich in der Berechnung der dabei zu leistenden Arbeit. Ihre absurden Ergebnisse in der Form weihevoller Deklarationen sollten weitere Versuche verhindern und die Praktiker zu ignoranten Träumern stempeln, die es sich selbst zuzuschreiben hatten, wenn sie tragisch endeten. Als sich Ingenieure einschalteten, flossen Erfahrungen der Entwicklung von Eisenbahnen, Dampfschiffen und U-Booten in den Bau der Fluggeräte ein. Der Verlust dilettantischer Unschuld war begleitet vom Eindringen nationaler und imperialer Interessen und von Überlegungen zum möglichen Kriegseinsatz zukünftiger Flugmaschinen.

Der Essay steckt diesen Rahmen ab, in dem die übrigen im Anhang versammelten Biographien aus Chanutes Fleißarbeit gelesen weren können. Einige von ihnen waren nicht abschließend zu klären, aber eine ganze Reihe, die bisher nur als nichtssagende Namen existierten, werden hier erstmals identifiziert oder nach Konsultation der Orginalpatente korrigiert. Chanute hat die Abbildungen ihrer Modelle aus dem »Tableau d'Aviation« von Dieuaide entnommen, der auf den Seiten 149-151 zu Rate gezogen werden kann.

Einladung zu einem gefährlichen Unternehmen

Wer waren die Leute, die Chanute mit ihren Apparaten vorstellt? Die meisten hatten nicht den Bekanntheitsgrad des von Chanute nicht erwähnten Jakob Berblinger, der als Schneider von Ulm zu einem deutschen Mythos geworden ist (Abbildung 1). Er verdankt ihn dem Ingenieur Max Eyth. Sein 1906 veröffentlicher Roman machte aus dem Schneider und Handwerker von »Kunstgliedern« (Prothesen) einen Helden des wissenschaftlichen Fortschritts, der unbeirrt die dumpfen Widerstände seiner Zeit überwindet und an der Rückständigkeit scheitern muss. Er wurde gefeiert in Theaterstücken,

Abbildung 1: Der Schneider von Ulm. Berblinger mit gebrochenen Flügeln. Kupferstich von Ferdinand Fellner (1799-1859). Stadtarchiv Ulm

verhöhnt in Gedichten, und die Stadt Ulm hat 1986 für ihn eine Ausstellung mitsamt Katalog organisiert, die die Fiktion mit der Wirklichkeit konfrontierte. An einem solchen Glücksfall der biographischen Dokumentation wird deutlich, welches Potential für das Verständnis der Geschichte der Luftfahrt erschlossen werden kann, wenn nicht nur der Apparat, sondern auch der Mensch, der ihn gebaut hat, ins Visier genommen wird. Berblinger hatte zwei Jahre vor seinem missglückten Gleitversuch über die Donau ein vergebliches Gesuch an den König von Bayern gerichtet, für eine Oberschenkelprothese mit beweglichem Knie- und Sprunggelenk, die in den napoleonischen Kriegen reichlich Absatz gefunden hätte, Werbung machen zu dürfen. Der Schneider war demnach ein geschickter Mechaniker, der nicht so dumm gewesen ist, wie ihn die Zeitgenossen zeichnen. Der Sprung mit einkalkuliertem Anlauf von der von ihm erhöhten Adlerbastei am steil abfallenden Donauufer war in Vorversuchen im Gasthaus »Zum Krug« an einem Seil und dann an »heimlichen Orten, zum Haushof hinab« mit möglicher Landung auf einem weichen Dunghaufen getestet worden. Berblinger wollte wahrscheinlich herausfinden, welche Höhe für einen Flug über die Donau ausreichen würde. Das alles spricht nicht für einen Menschen, der sich blind vor den Risiken einfach in die Tiefe stürzte.

Er hat Pech gehabt, denn die Donau war an diesem 31. Mai 1811 kalt und produzierte keinen Aufwind. Viel hat jedoch nicht gefehlt zum Erfolg dieses oberschwäbischen Querkopfs, 80 Jahre vor Otto Lilienthal. Berblinger hatte nicht versucht, das Auffliegen von Vögeln vom Boden durch Flügelschlag nachzunahmen, sondern wie Lilienthal in seinen Gleitversuchen von seinem künstlichen »Fliegeberg« bei Lichterfelde mit kurzem Anlauf oder vom Flugschuppen »Maihöhe« in Steglitz ohne Anlauf von erhöhter Warte aus Hangwinde auszunutzen. Wer weiß, ob bei einem Erfolg das jahrzehntelange vergebliche Bemühen um Ornithopter vermieden worden wäre und die Aufmerksamkeit sich stärker auf die entscheidenden Effekte der Luftströmung am Flügel konzentriert hätte. Solche flügelschlagenden Maschinen erlangten nie Stabilität, vollführten alle Arten gymnastischer Übungen außer Flug und »flapped itself to pieces«, wie das 1830, kurz nach dem Erfolg der Eisenbahn zwischen Liverpool und Manchester gebaute dampfgetriebene Modell des Waagenfabrikanten aus Liverpool, Frederick Dicas Artingstall. Trotz seiner beruflichen Erfahrung geriet ihm die Ausbalancierung seines Flugmodells zum Desaster.

Nur ein Jahr nach dem Heißluftaufstieg der Montgolfiers hatte Laurent-Gaspard Gérard in einem »Essai sur l'art du vol aérien« (Versuch über die Kunst zu fliegen) einen Ornithopter mit Handkurbelantrieb und Zahnradübersetzung präsentiert (Abbildung 2). Aus dem Körper eines imperialen Sarges mit den entsprechenden Dackelfüßen ragten das gefiederte Flügelpaar, das wie bei den Vögeln schlagen sollte, und ein gefiederter Schwanz, den Chanute als Ausstoß einer Rakete interpretiert hat. Aber das war längst nicht alles, was Gérard an Ideen nach Studien des Vogel- und Insektenfluges zu bieten hatte. Auf dem Panoramakupferstich mit Kirche, Segelboot und Mühlen vereinte er Heißluftballon, Ornithopter, und zwei weitere Apparate,

Abbildung 2: Laurent-Gaspard Gérard. Versuch über die Kunst zu fliegen. Aus: Essai sur l'art de vol aérienne. Paris 1784

von denen einer an eine sich waagrecht drehende Mühle, der andere an eine Ahornfrucht mit dreifachen Flügelrotoren erinnert. Diese Hubschraubern ähnliche Gebilde sollten Gasantrieb erhalten. Gérard hat hier mit seiner theatralischen Ader die noch lange währenden Obsessionen der Flugbegeisterten auf einem Bühnenbild wirkungsvoll in Szene gesetzt. Er wollte nach der Revolution laut einer »Mémoire sur le théâtre d'éducation nationale« (1791) Gott ähnliche Menschen kreieren und sie anschaulich lehren, im großen Buch des Universums zu lesen, ein Drama des Weltsystems mit Philosophen und Naturwissenschaftlern als Weltenlenker von der Antike bis Newton und Buffon. Gérard war wohl Lehrer am renommierten *Collège Duplessis* in direkter Nachbarschaft zur *Sorbonne* mit 40 Stipendiaten, das während des Terrors zwei Jahre später in eine Haftanstalt mit garantierter Entlassung zur Guillotine mutierte. Was ist aus ihm geworden? Auf einer Liste von Guillotinierten mit einem halben Dutzend Gérards taucht er nicht auf, aber man hört auch sonst nichts mehr von ihm. So ging es vielen der Dilettanten unter den Erfindern, die heute wahrscheinlich völlig vergessen wären, wenn Chanute sich nicht die Mühe gemacht hätte, sich mit den Einzelheiten ihrer Konstruktionen auseinanderzusetzen. Die Tragik des Lebens und des visionären Scheiterns war nicht sein Thema.

Aufschrei Nadars – Echo im Empire

Es hätte schlimmer kommen können, aber es war ein Desaster. Als der *Géant* Nadars, der bisher größte, jemals gebaute Ballon, am 19. Oktober 1863 bei Neustadt am Rübenberge zwischen Hannover und Bremen mit neun Passagieren zur Landung ansetzte, verlor er zu schnell an Höhe und raste auf die Erde zu. Am Boden wütete ein Sturm. Die beiden viel zu kleinen Bodenanker gaben dem Monster keinen Halt, die Seile rissen, der überdimensionierte und immer noch zu zwei Drittel mit Gas gefüllte Ballon kippte die Gondel um und zerrte sie in den stürmischen Böen mitsamt Insassen mit sich fort. Ein Passagier wurde aus der Gondel geschleudert und von ihr überfahren. Das Seil des zu kleinen Auslassventils war dem Ballonführer entglitten, so dass es verschlossen blieb und der Ballon zu explodieren drohte. Der reaktionsschnelle Lokomotivführer eines herannahenden Zuges verhinderte den Zusammenstoß durch abruptes Bremsen und Zurücksetzen, und mit viel Glück hüpfte die Gondel mit schmerzhaften Schlägen über vier Telegrafendrähte, die wie Guillotinen gewirkt hätten. Der Ballon wurde von einer alten Eiche aufgeschlitzt und machte mit dem Rest des Gases noch zwei Sprünge, bis er endlich nach viertelstündigem Gezerre und Geschleife über Stock und Stein leer ausgebreitet auf dem Boden lag. Die Insassen waren zum Teil schwer verletzt. Nadar hatte sich nur ein Wadenbein gebrochen, aber Todesängste ausgestanden, die er, nach Monaten immer noch vollkommen aufgewühlt, zu Papier brachte. Beim Abtransport nach Rethem an der Aller mussten sie sich der Dorfbewohner mit vorgehaltener Pistole erwehren, die versuchten, ihnen ihre Habseligkeiten zu stehlen und selbst vor den Pferden, die die Karren mit den Verletzten und den demolierten Teilen des Ballons zogen, nicht halt machen wollten. In Hannover wurden sie mit allen Aufmerksamkeiten auch der königlichen Familie Georgs V. empfangen und von der französischen Botschaft medizinisch versorgt. Der blinde König von Hannover war ein Vetter Queen Victorias und gehörte mit dem Titel eines Herzogs von Cumberland zur Reihe ihrer möglichen Nachfolger. Sein Interesse an Nadars Unternehmung war geweckt. Zum dritten Aufstieg 1864 in Brüssel schickte er seinen Adjutanten (Abbildung 3).

Die Ballonaufstiege waren als Propagandafahrten geplant. Der schon damals berühmte Fotograf und Ballonfahrer Gaspard-Félix Nadar war 1863 Autor eines »Manifeste de l'autolocomotion aérienne« (Manifest zur Fortbewegung in der Luft), mit dem er sich vehement für einen Flug schwerer als Luft einsetzte und gegen die seit 80 Jahren vergeblichen Versuche polemisierte, die Ballons lenkbar zu machen. (A Terre & en l'Air. Mémoires du *Géant,* Paris 1864, Manifeste S. 129-146). Um seine soeben ins Leben gerufene *Société d'encouragement de la navigation aérienne au moyen du plus lourd que l'air* (Gesellschaft zur Förderung der Luftfahrt schwerer als Luft) und den Bau entsprechender Flugapparate zu finanzieren, ließ Nadar diesen gigantischen Ballon binnen eines Monats von 300 Männern und Frauen in

Abbildung 3: Gondel des *Géant* beim Desaster in Neustadt am Rübenberge 19.10.1863. Holzschnitt von Henry de Montant »La nacelle rasant le sol à Nieubourg (Hanovre)«. Aus: Le Monde illustré Nr. 343 vom 7.11.1863

seinem großen Atelier aus weißer Lyoner Seide herstellen, mit dem er bis zu 40 Personen vom *Champs de Mars* in Paris aufsteigen lassen wollte. Er fasste mit 6 000 m³ Gas sechs bis acht Mal so viel wie damals übliche Ballons, hatte einen Durchmesser von ca. 23 m mit einer Oberfläche in der Größe eines Eishockeyfeldes und eine Höhe mit Gondel von 40 m. Die zweistöckige Gondel war mit vier Betten, einem Waschraum, einer Dunkelkammer und einer lithographische Presse für Flugblätter möbliert, die Propaganda für Nadars Mission machen sollten. Bereits 1858 war Nadar die erste Luftaufnahme gelungen, die im Nassverfahren noch in der Gondel entwickelt werden musste. Statt des erhofften Gewinns blieben Nadar nur Schulden, »am Boden und in der Luft« – 120 000 Francs. Er hatte, wie immer ein bisschen ausufernd, mit dem Verkauf von 400 000 Billets gerechnet, das wäre ein Viertel der Einwohner von Paris gewesen. Es waren dann weniger als 100 000, die am 18. Oktober 1863 den zweiten Aufstieg des *Géant* mit neun Insassen verfolgten, der einen Tag später im Desaster endete (Abbildung 4). Nadar und sein ehemaliger Freund Louis Godard, der Konstrukteur und Mitfinancier des Ballons, prozessierten gegeneinander, weil sie dem jeweils anderen die Schuld am Misserfolg zuschoben, und Nadar wurde schließlich vom *Tribunal de Commerce* des Departement Seine zur Zahlung von 7457 Francs an die Gebrüder Godard verdonnert.

»Um den Kampf gegen die Luft aufzunehmen, muss man vor allem schwerer sein als Luft«, hatte Nadar in seinem Manifest verkündet und »um über die Luft zu befehlen, statt ihr zum Spielball zu werden, muss man sich auf die Luft stützen und nicht ihr als Stütze dienen«. Wir müssten die Luft versklaven wie das Wasser, das unsere Schiffe trage, wie die Erde, die wir mit Rädern

Abbildung 4: Start des *Géant* am 18.10.1863 auf dem *Champs de Mars*, Paris. Daneben ein Ballon üblicher Größe. Stereofotografie. Collection Francis Dupin

drückten. Von einem berühmten Mathematiker stamme der Spruch: »Es ist die Schraube – die heilige Schraube! die uns in die Luft tragen wird« (C'est l'hélice – la sainte Hélice! qui va nous emporter dans l'air), und aus der Eisenbahn das machen werde, was die Eisenbahn mit dem Pferd gemacht habe.

Das Manifest hatte er an Zeitungen überall auf der Welt bis nach Bombay und zum Kap verschickt und viel Zustimmung bekommen, obwohl nur Wenige das grundsätzlich Neue an seinen Vorschlägen begreifen konnten. Beleidigungen kamen von den Konstrukteuren der »poissons aérostatiques«, lenkbaren, fischförmigen Ballons, denen Nadar besonders dicht auf die Pelle gerückt war und denen er nun in geschulter satirischer Manier eine Beschäftigung mit »Ichthyologie«, mit der Wissenschaft von den Fischen unterschob.

Er bekam spontanen Besuch vom Physiker und Akademiemitglied Jacques Babinet (1794-1872), den er als leuchtendes Beispiel gegen die sonstige Engstirnigkeit der *Académiciens* überschwänglich lobte und der ihm sogar die Demonstration seiner Ideen in seiner Vorlesung erlaubte.

Eine heroisch-komische Geschichte sei die Ballonfahrt. Kaum geboren, sei sie in die Hände von Akrobaten und Gauklern gefallen und seit dem ersten wasserstoffgefüllten Ballon Charles' 1783 keinen Schritt vorangekommen. Man habe geglaubt, dass mit dem Aufstieg der Montgolfiers die wichtigste Hürde genommen worden sei und dass es jetzt nur noch darauf ankäme, die Ballons lenkbar zu machen. Aber genau das sei die falsche Spur. Nadar rechnet vor, welchen immensen Kräften ein Ballon ausgesetzt wäre, wenn man versuchen wollte, ihn gegen den Luftwiderstand voranzutreiben. Ein Jahr später, in »Le droit au vol« (Das Recht zu fliegen), zerquetscht er ein solches Gefährt wie ein Insekt unter dem Fingernagel. Selbst wenn man runde, konische, zylindrische oder fischförmige Ballons mit einer ausreichenden Kraft versorge, durch Schrauben, schlagende Flügel, Turbinen, »roues à aubes« (Schaufelräder), Segel und Gegensegel, Ruder, Bretter, Steuerruder und die Hülle des Ballons aus dreifachem Stahl verfertige, würde er beim ersten Zusammenprall von Luftströmung und Antriebsapparaten zerquetscht werden. Der Ballon werde niemals ein lenkbares Schiff. Als Boje geboren bleibe er eine Boje.

Nadars Freund Gabrielle de la Landelle musste die Erfahrung machen, wie hartnäckig die falsche Spur verfolgt wird und wie sich Vorurteile gegen den Flug schwerer als Luft festgesetzt hatten. Er hatte mit einem intelligenten Uhrmacher (wahrscheinlich Pierre Jullien), der sich mit der Lenkbarkeit von Ballons befasste, solche Argumente diskutiert, um ihn von dieser »trügerischen (chimérique) Beschäftigung« abzuhalten, und mit Beispielen versucht, verschiedene über den Flug der Tiere kursierende Ansichten zu entkräften, u.a. die zweier Heroen der französischen Naturwissenschaften des späten 18. und frühen 19. Jahrhunderts, Buffon und Cuvier. Diese hatten geglaubt, Vogel, Insekt, Flughörnchen, Fledermaus, Flugsaurier und fliegender Fisch stiegen wegen warmer Luft in ihrem Körper in die Höhe. Diese Ansicht sei inzwischen zwar auch der *Académie* nicht mehr ganz geheuer, aber sie schweige, statt sie zu verurteilen. Selbst wenn diese Tiere eine solche Luft in ihren Knochen nutzen wollten, müssten sie deren Volumen 700 bis 800mal vergrößern, um abzuheben, so de la Landelle zum Uhrmacher.

Den Uhrmacher habe de la Landelle auch gefragt, ob der Vogel bei der geringen Differenz im spezifischen Gewicht zwischen warmer Köperluft und umgebender Luft nicht schon durch Anbringen eines Bleiringes mit geringem Gewicht zu Boden stürzen würde. Er habe gefragt, ob der Vogel während des Fluges Gewicht habe, denn wenn man ihn bei geschlossenem Fenster losfliegen lasse, würde er die Scheiben zertrümmern. Und er habe gesagt, dass die Rakete abhebe, trotz ihres Eigengewichts samt Motor. Die ganze Predigt de la Landelles habe jedoch nichts bewirkt. Traurig habe er sich auf den Heimweg gemacht, als er eine Szene beobachtete, die ihm wieder Auftrieb gegeben habe. Er sah, wie ein Maler auf der Leiter von seinem Kompagnon verlangte, ihm einen Schwamm nach oben zu werfen. Der Kompagnon habe den Schwamm erst einmal nass gemacht, bevor er ihn warf. Damit, so de la Landelle, könnten verbohrte Köpfe vielleicht überzeugt werden: Geworfen, entschwinde Blei den Augen, Kork falle einige Schritte weiter herunter, Holundermark lande auf dem Kopf. Um zu fliegen, müsse man unbedingt schwerer als Luft sein. SCHWERER ALS LUFT! Mit diesem Schlachtruf in Großbuchstaben wird Nadar auf vielen Seiten die denkfaulen Geister zu wecken versuchen.

Werfe man einen kleinen Vogel in größerer Höhe aus dem Ballon, falle er zunächst wie ein Stein, bis er in der dichteren Luft genügend Widerstand verspüre und flatternd wieder fliege. Der viel schwerere Kondor mit seiner großen Spannweite könne auch noch in mehreren Tausend Metern Höhe über den Anden fliegen (zitiert d'Esterno, Du Vol des Oiseaux, Paris 1864 und de Lucy, der viele Vogelarten vermessen und gewogen hat). Es gelte den Widerspruch zu lösen zwischen der Notwendigkeit, schwerer als Luft zu sein, um den Flug zu steuern, und leichter, um abzuheben.

Beim Gedanken an die Mitglieder der Akademie läuft ihm die Galle über, weil sie naheliegende Fragen nicht stellten: Wieviel wiegt ein Drache in der Luft, wieviel ein Vogel, der fliegt und wieviel ein geschleuderter Speer? Wieviel wiegt ein Schlittschuhläufer, der springt und sofort weiter läuft? Warum fährt ein Zug, der hunderte Male über eine Brücke gefahren ist, ohne dass sie einstürzt, mit ihr zusammen in die Tiefe, wenn er auf ihr stehen bleiben muss, wie das aus Amerika berichtet wurde? Warum fallen die Sterne nicht auf die Erde? Nadars schlichte und richtige Antwort: weil die Gewichtsgesetze relativ sind, von Ort und Bewegung abhängen (zitiert Michel Loup, Solution du problème de Locomotion Aérienne, Paris et Lyon 1853). Er gab deshalb den Rat, sich die Ohren zuzuhalten, wenn man sich der *Académie* nähert. Die offizielle Wissenschaft sei Null. Sie habe z.B. geglaubt, mit der Dampfmaschine übers Meer zu fahren, gleiche einer Fahrt auf den Mond, auf Schienen durchdrehende Räder von Lokomotiven würden ein Vorwärtskommen verhindern und eine aus Kohle gewonnene Beleuchtung sei nicht möglich. (Man kann noch die von Sömmering erfundene galvanische Telegrafie nennen, die von der Akademie lediglich zur Kenntnis genommen und vom Präsidenten der Akademie, Napoleon I., als eine deutsche Schwärmerei bezeichnet wurde.)

Borelli, der italienische Physiker des 17. Jahrhunderts habe in seinem berühmten Werk »Über die Bewegung der Tiere« vorgerechnet, dass die Kraftanstrengung eines fliegenden Vogels sein Eigenwicht um das Zehntausendfache übersteige. Das wäre, rechnet Nadar vor, für eine sechs Pfund schwere Gans sechzigtausend Pfund oder die Kraft von 5 000 Männern bzw. 500 Pferden. Das Akademiemitglied Coulomb, ein durch sein elektrostatisches Gesetz berühmt gewordener Bauingenieur, errechnete 1780 zur Unterstützung eines fliegenden Menschen Flügel von 12 000 Quadratfuß Oberfläche mit einer Länge von 180 Fuß (ca. 3 650 m² und 59 m), und das obwohl schon eine Mühle mit Windrädern von 200 Quadratfuß eine der menschlichen weit überlegenen Kraft produziere. Der aufbrausende Mathematiker und Astronom Lalande habe Coulombs Zahlen sogar noch verdoppelt und verdreifacht und daraus geschlossen, dass der Menschen weder mit Flügeln noch mit Hilfe spezifisch leichterer Körper fliegen werde – ein Jahr vor den Montgolfiers. Berühmte Mathematiker wie Condorcet, Bossut und Monge hätten diese Zahlen bestätigt, die engstirnigen Mitglieder der *Académie* sie einstimmig und mit der Begründung angenommen, die Zahlen könnten zukünftige vergebliche und gefährliche Unternehmungen verhindern. Das Ganze bis zur Absurdität und ins Phantastische getrieben habe am 6.9.1830 der von der *Académie* wieder einstimmig angenommene Rapport des Mathematikers Navier:

»Der Mensch hat unter Berücksichtigung aller Proportionen nicht einmal den 92. Teil der Kraft, die ein Vogel alleine dafür braucht, sich in der Luft zu halten ... Wenn ein Vogel fliegt, ist die Zahl der Flügelschläge ungefähr 23 pro Sekunde ... Wenn ein Vogel fliegt, ist die Menge der Aktionen (der Arbeit = Kraft x Weg) in einer Sekunde gleich derjenigen, die nötig wäre, um sein Eigengewicht 8 m in die Höhe zu heben ... Wenn er sich horizontal bewegt, ist diese Menge gleich derjenigen, die nötig wäre, sein Eigengewicht 390 m anzuheben ... Die Menge der Aktion für den schnellen Flug ist umso geringer, je kleiner die Dichte der Luft ...« Verrückte Zahlen, sagt dazu Nadar. Auf den Lachs übertragen, würde das für Bewegungen im Wasser einen Kraftaufwand von 50 Pferdestärken bedeuten. Für den langsamsten Flug der Gans hätte Navier die Kraft von vier Männern angenommen. Navier habe den Vögeln also verboten, zu fliegen. Aber die Taube fliegt! Und was ist mit dem Albatros, der vierhundert Meilen aufs Meer hinausfliegt und wieder zurückkehrt, achthundert Meilen, ohne die Umwege zu rechnen? Wieviele Millionen Meterkilogramm hat dieser Albatros an einem Tag nach den Zahlen von Navier gestemmt?

Claude Louis Navier hatte zusammen mit dem Chemiker Gay-Lussac und dem Physiologen Flourens, alle drei Schwergewichte der Wissenschaft, den von Nadar höhnisch bedachten Rapport an die *Académie Royal* unterschrieben, in dem der Flug als übermenschliche Kraftmeierei erscheint, und im Anhang in umfangreichen Rechenoperationen den Beweis angetreten. Navier war davon ausgegangen, dass ein Vogel nur durch sehr schnellen Flügelschlag abheben oder einen Absturz verhindern kann und kam deshalb auf seine gigantischen Zahlen für die geleistete Arbeit.[1]

Es ist aus heutiger Sicht erstaunlich, dass Navier seine in der modernen Aerodynamik nicht wegzudenkenden Gleichungen des Jahres 1822 über den Effekt innerer Reibungen in strömenden Flüssigkeiten nicht zur Grundlage seiner Überlegungen der Möglichkeit eines Fluges schwerer als Luft gemacht hat. Das hätte ihn davor bewahrt, die schlichte Beziehung Kraft x Weg als Ausdruck der Arbeit zur Hilfe zu nehmen, die er als »Quantität der Aktion« begriff. Als Aktion kam dann nur der Kraftaufwand des Flügelschlagens in Betracht, nicht jedoch die Kraftwirkung der am Flügel vorbei streichenden Luft. Sie leistete für Navier nur Widerstand, den es beim Flug zu überwinden galt, statt durch Auf- und Vortrieb zur Verminderung des Arbeitseinsatzes beizutragen. Der Ingenieur, Brückenbauer, Autor eines Buches für praktizierende Ingenieure und Lehrer an der *École Polytechnique* für analytische und theoretische Mechanik blieb so in der Begrifflichkeit seiner Zunft gefangen, die bei Kräften Hebelwirkungen im Kopf hatte. Deshalb machte er sich auch keine Gedanken darüber, warum M. Chabrier, dessen *Mémoire* er sich vorgeknöpft hatte, seinen Apparat mit oben konvexen und unten konkaven Flügeln ausgestattet hatte. Trotz aller ausgefeilter Rechenkünste war so für das Verständnis des Vogelfluges nichts gewonnen und Naviers Einschätzung zu den Voraussetzungen eines menschlichen Fluges wertlos.

Jean-Charles de Louvrié fasste seine Analyse der Irrtümer Naviers 1866 in einer witzigen Frage zusammen: Ob schon jemand einen Vogel gesehen hat, der sich zum Fliegen aufgeblasen hätte wie ein Ballon. De Louvrié war wie Navier Ingenieur, baute Eisenbahnen, betrieb eine Mehlfabrik und entwickelte Fahrräder und eine Art fliegenden Doppeldrachen mit Propellerantrieb (aeroscaphe), von dem die Akademie nichts wissen wollte.[2] Er wurde ein frühes Mitglied der *Société française de navigation aérienne* und war zeitweilig ihr Präsident. De Louvrié hat sich die Mühe gemacht und nachgerechnet und kam auf Grund genauer Beobachtungen des Vogelfluges, was die erbrachte Arbeit angeht, zu einem völlig anderen Ergebnis. Aber auch er war noch nicht bei der Analyse der Luftströmungen am Flügel angelangt, die er erst 1890 vornehmen wird.

Nadar vermutete, dass der Flug die Fortbewegungsart mit dem geringsten Kraftaufwand sein könnte und dass die starke Ausbildung der Brustmuskeln bei einigen Vogelarten weniger für den Flug selbst als für das Ergreifen und den Transport der Beute und zur schnellen Veränderung der Flugrichtung gebraucht wird. Sonst könne man sich nicht erklären, wie ein Zusammenbinden der Beine oder ein winziges Bleigewicht an einer einzigen Flugfeder Vögel am Fliegen hindern. Während des Fluges, ist sich Nadar sicher, gebe es praktisch keine Fallbeschleunigung. Er scheint zu ahnen, dass Bewegung den Auftrieb am Flügel erzeugt und konstatiert, dass beim Flug alle physikalischen Gesetze *auf einmal* betroffen seien. Von den Akademikern sei keine Aufklärung zu erwarten, man müsse ohne sie ganz von vorne nach Versuch und Irrtum den Zusammenhang erforschen. An Geld hoffte Nadar, mit Hilfe der von ihm, Gabriel de la Landelle, Gustave Ponton d'Amécourt und Jules Verne initiierten Gesellschaft zu kommen.

Am 30.7.1863 sollen 600 Zuhörer unter heftigem Gedränge der Gründung der Gesellschaft in seinem pompösen Atelierhaus in der *rue des Capucines* Nr. 35 beigewohnt haben, wo sich ein kleiner Kreis weiter einmal wöchentlich traf. Jules Verne wurde Sekretär, der Chemiker, Physiker und Agronom Jean-Augustin Barral (1819-84) Präsident. De la Landelle redigierte von 1864 bis 1866 jährliche Berichte für 42 Abonnenten. Er war die treibende Kraft in dieser kurzlebigen Gesellschaft von Enthusiasten, ein ehemaliger Fregattenkapitän, konterrevolutionärer Journalist und Romancier. Mit Gustave vicomte de Ponton d'Amécourt hatte er 1861 einen kleinen Helikopter konstruiert. De la Landelle wird in der 1868 gegründeten, dann eher der *Aeronautical Society* nachempfundenen *Société française de navigation aérienne* weiter aktiv bleiben. Jules Verne hatte nur ein halbes Jahr vor der Gründung der Gesellschaft mit seinem Roman »Fünf Wochen im Ballon. Eine Entdeckungsreise in Afrika durch drei Engländer, niedergeschrieben nach den Notizen von Dr. Fergusson«

seinen ersten durchschlagenden Erfolg gefeiert und in der Fahrt von Sansibar bis Senegal britische Überheblichkeit, die Suche nach den Nilquellen, den kolonialen Wettlauf zwischen Frankreich und England in Afrika, den königlichen Ballon »Victoria« und eine Beinahe-Havarie untergebracht (Abbildung 5). Nun war der gelernte Jurist und erfolgreiche Romancier Sekretär einer Gesellschaft zur Unterstützung des Fliegens schwerer als Luft geworden, mit einem Präsidenten Barral, der von Haus aus Agronom und mit meteorologischen Ballonaufstiegen beschäftigt war. Ingenieure waren sie alle nicht, eher Schöngeister oder »Touch à Tout«, Leute, die sich für alles interessieren, aber nirgendwo so richtig involviert bleiben. Ponton d'Amécourt ist dafür ein gutes Beispiel. Er hatte Mathematik studiert, führte ein reiches Leben als Münzsammler und Archäologe, beherrschte Griechisch und Sanskrit und gab dem Helikopter seinen Namen (helikos – Schraube, Pteron – Flügel).

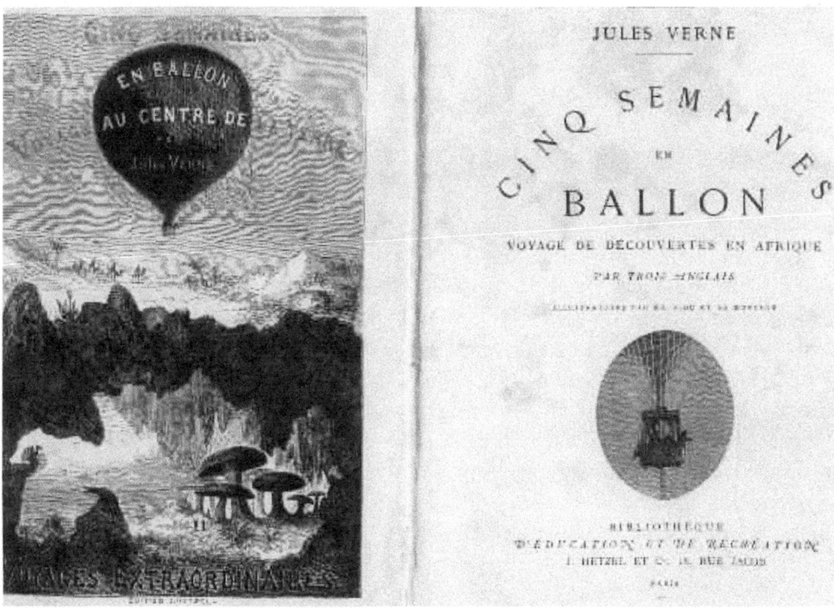

Abbildung 5: Jules Verne. Cinq semaines en ballon. Paris 1863. Zeichner Édouard Riou

In London war der *Géant* nach dem ersten Start durch den Betreiber des *Crystal Palace* auf Plakaten mit »Nadar is coming« vorschnell angekündigt worden. Die eigens gegründete französisch-britische Gesellschaft wollte zunächst mit einem Start in Baden-Baden beginnen und Trips über Kanal und Mittelmeer folgen lassen, bevor der *Géant* in Paris, London und New York ausgestellt werden sollte, aber es war ja ganz anders gekommen, und der amerikanische Bürgerkrieg hatte in diesem mörderischen Jahr mit den blutigen Unruhen der »Draft Riots« unter Einwanderern gegen ihre Einberufung New York erreicht (*The Mechanic's Magazine* 7.8.1863). Die britische Öffentlichkeit wurde ausführlich über den *Géant* informiert, das eigentliche Anliegen Nadars blieb jedoch hinter den gigantischen Ausmaßen des Ballons und der tragischen Landung bei Hannover verborgen. Am 10.10.1863 hatte *The London Illustrated News* in einer Auflage von 300 000 ein Bild des Ballons geliefert und vom Start auf den *Champs de Mars* und der Landung in Meaux berichtet. Am 24.10. erwähnte sie nur knapp »neue Flugmethoden Nadars« und kritisierte eine unglückliche Verbindung von wissenschaftlichem und Propagandaflug, und am 12.12. zeigte sie die Gondel in der riesigen Ausstellungshalle des *Crystal Palace*, in der sie mit Ballon bereits drei Wochen nach dem Unglück Anfang November zu sehen war. Das brachte dem finanziell ausgebluteten Nadar immerhin 5 000 Pfund und die Hälfte der Einnahmen aus den verkauften Billets.

Die Fachwelt der Ingenieure in England war gespalten. Während *The Mechanic's Magazine* am 11.9.1863 noch ausführlich einen Walter Weldon zu Wort kommen ließ, der den Flug mit der Fortbewegung von Fischen und nicht mit denen der Vögel verglich, und der mit hintereinander angeordneten Ballons und Dampfantrieb, einer »Aerial locomotive«, den Luftwiderstand vermindern und die Auftriebskräfte erhöhen wollte, verfolgte *The Artizan* des Ingenieurs John Bourne schon seit Längerem die von Nadar propagierte Linie eines Fluges schwerer als Luft. Er berichtete statt vom Aufstieg des *Géant* von dem kleinen Helikopter Nadars und de la Landelles (*The Artizan*, Vol. 21, 1863).

John Bourne wird Mitglied der 1866 gegründeten *Aeronautical Society*, in der sich nicht nur die Elite der Ingenieure, sondern auch die herrschende Elite des viktorianischen England versammeln wird. Am 1. Mai 1866 berichtet Bourne begeistert und ausführlich über das erste offizielle Treffen im *Stafford House,* dem prächtigsten Palast Londons, der dem 3rd Duke of Sutherland gehörte, dem neu gewählten Vizepräsident der *Aeronautical Society*. Später tagte die Gesellschaft im herrschaftlichen Gebäude der *Royal Society of Arts* (*Royal Society for the encouragement of Arts; Manufatures and Commerce*) in der Adam Street/Adelphi, dessen großer Saal der Ire James Barry Ende des 18. Jahrhunderts mit einer Bildersequenz über den Fortschritt des menschlichen Wissens und der Kultur ausgemalt hatte. Von ihm stammt bezeichnenderweise auch das Gemälde »Thames (or Triumph of navigation)«. Die *Royal Society of Arts* war eine besonders elitäre Gesellschaft unter königlicher Patronage mit gewählter Mitgliedschaft und weitgefächerten Aktivitäten in Wissenschaft, Industrie und Landwirtschaft. Viele spätere Mitglieder der *Aeronautical Society* gehörten ihr an. Seit 1863 war der Prince of Wales, der spätere Edward VII., ihr jahrzehntelanger Präsident.

Dort also, im innovativen und administrativen Zentrum der zelebrierten industriellen Überlegenheit des britischen Empire, ging die *Aeronautical Society* 1866 zu einem Zeitpunkt vor Anker, als Nadars Initiative in Frankreich am Einschlafen war. Einflussreiche Mitglieder der Upper Class und verdiente Ingenieure haben sich quasi aus dem Stand auf ein bisher nur für mitleidig belächelte Außenseiter vorbehaltenes Terrain begeben. Noch 1859 war ein Patent Henry Brights für einen »counterrotating helicopter« in offizieller Verlautbarung des Patentamts unter »daft«, verrückt, albern oder einfältig, geführt worden. Die Heiligsprechung der Schraube durch Nadar hätte aus der verrückten Schraube nur eine verrückte Heilige gemacht, wenn die Briten nicht zu der Überzeugung gelangt wären, dass ein Fliegen schwerer als Luft jetzt technisch möglich, ökonomisch sinnvoll und militärisch Erfolg versprechend geworden war. Die Mitglieder der *Aeronautical Society*, vor allem die führenden des *Council*, verkörpern diese Interessen, einige in beinahe karikaturhafter Überzeichnung eines viktorianischen England, in dem Esquires und Peers weltweit Eisenbahn- und Telegrafenlinien bauen und Dampfschiffe auf die Reise schicken.

Gentlemen und Engineers: Eisenbahn, Dampfschiff, Telegraf

Es gibt mit Henson und Stringfellow in den 1840er Jahren zwei sehr bemerkenswerte Vorläufer in England, die das Modell eines Fluggeräts bauten, das heutigen Flugzeugen schon sehr nahe kommt und mit einer Dampfmaschine betrieben wurde. Sie gründeten eine *Aerial Transit Company*, um den Bau eines Flugzeuges von 1 000 Meilen Reichweite zu finanzieren, das den Transport von Gütern und Post nach Ägypten, Indien und China übernehmen sollte. Sie versuchten, von der britischen Regierung die Genehmigung für ihre *Company* zu bekommen, ließen Plakate drucken und versprachen auf einer Werbepostkarte eine Reisezeit nach Indien in nur vier Tagen (Abbildung 6). Die Briten brauchten Nadar nicht. Sie hatten mit Henson und Stringfellow und deren imperialen Reiseplänen die ihnen angemessenen Träumer, aber diese Träumer waren Ingenieure mit handfesten mechanischen Kenntnissen und keine Dilettanten. Sie wurden noch belächelt, vom Parlament sogar ausgelacht, und man hat sie mit ihrem Wunsch nach offizieller Anerkennung auflaufen lassen. Aber 18 Jahre später war alles anders. Woher dieser Umschwung?

Abbildung 6: *Aerial Transit Company* mit William Samuel Hensons *Aerial Steam Carriage* beim Start von einer Rampe in Indien. Über den Turm sollten »Passagiere, Truppen und Regierungsdepeschen« in das Flugzeug verfrachtet werden. Robert Novell's Third Dimension Blog, 5.4.2013

Er lag in der Hoffnung begründet, in einem mit dem Ende des amerikanischen Bürgerkriegs völlig veränderten politischen Umfeld und nach der rasanten Aufholjagd aller wichtigen Konkurrenten im Eisenbahnbau, der Einrichtung von Telegrafenlinien und der Umrüstung auf Dampfschiffe wieder einen entscheidenden technologischen Vorsprung zu erringen, der im Krimkrieg, im Sepoy-Aufstand in Indien und im Opiumkrieg mit China zum Bild eines unüberwindlichen Empire beigetragen hatte. Mit dem wirtschaftlichen Kollaps der »Panic of 1866«, die viele Eisenbahn- und Schiffbauunternehmen in den Ruin getrieben hatte und mit der nach dem Bürgerkrieg wieder auflebenden Konkurrenz billiger amerikanischer Baumwolle wurden die Karten neu gemischt. Der Luftraum gehörte noch keiner Macht auf Erden und war mit den hilflos vom Wind gejagten Ballons nicht in Besitz zu nehmen. Ihn zu beherrschen erfüllte die Gründer der *Aeronautical Society* je nach Ausgangslage mit technologischem, politischem oder militärischem Eifer. Menschheitsfrieden und Völkerverständigung gehörte jedenfalls nicht zu ihrem Repertoire, die sich der Idealist Chanute und andere vom grenzüberschreitenden Flugverkehr erträumten. Die Protagonisten der *Society* wollten ihrem überdehnten Empire eine bewegliche und schnell verfügbare Interventionsmöglichkeit bereitstellen und versammelten das professionelle Personal, das sie verwirklichen konnte. Seit der großen Industrieausstellung im *Crystal Palace* 1851 mit 100000 Exponaten bis hin zum WC, die die Fortschritte der britischen Technologie stolz zur Schau stellte, galt den Briten ihre Sonderstellung als ausgemacht, und es hatte sich die Auffassung durchgesetzt, dass die britischen Ingenieure und Industrien zu allem fähig und besser sind als der Rest der Welt.

Das war nicht ganz aus der Luft gegriffen, aber der Vorsprung war Mitte der 60er Jahre nur noch hauchdünn. Schon im Krimkrieg 1853-56 hatten die alliierten Franzosen, Engländer und Türken beim Bau der Telegrafenlinien nur knapp die Nase vorn. Die Franzosen verbanden im Winter 1854 Bukarest durch Bulgarien mit Varna am Schwarzen Meer. Im April 1855 wurde in nur 18 Tagen ein mit Guttapercha isoliertes Unterseekabel von 550 km Länge auf die Krim verlegt, die Übermittlung einer Nachricht von Paris auf die Krim dauerte nun statt 12 Tagen nur noch 24 Stunden. Aber auch das Zarenreich konnte mit Hilfe von Carl Siemens eine erst 1854 begonnene Telegrafenlinie von St. Petersburg nach Odessa und Sewastopol 1855 fertigstellen und durch die Verbindung mit Berlin sich schnell mit Waffen und Ausrüstung versorgen. Der einzige Vorteil, den die Alliierten in der Nachrichtenübermittlung noch hatten, war der erstmalige Einsatz von schnell verlegten Feldtelegrafen. Wichtiger war die Enfield-Muskete, ein Gewehr mit gezogenem Lauf und einer gegenüber den alten Musketen der Russen um das Fünffache verlängerten Reichweite.

Im sogenannten Sepoy-Aufstand gegen die britischen Besatzer im Sold der *East India Compay* mit Schwerpunkt Nord- und Zentralindien und Bengalen vom März 1856 bis Dezember 1857 zeigte sich die leichte Verwundbarkeit der bereits eingerichteten Telegrafenlinien (Abbildung 7 und 8). Diese ausgedehnte und lang anhaltende »munity« hat sich tief ins britische Bewusstsein eingeprägt, nicht nur weil britische Truppen an Massakern beteiligt waren, sondern auch, weil der Verlust des damals schon »Lebensader des britischen Empire« genannten Indien mit seiner Baumwolle, seinen Rohstoffen und seinen grenzenlosen Absatzmärkten möglich schien. Indien wurde zur fixen Idee der Regierungen des Empire: Die *East India Company* verlor ihre selbstherrliche Stellung, 1858 wurde Indien Kronland, und man diskutierte Mittel und Wege, wie Nachrichten- und Verkehrsverbindungen beschleunigt und Truppen in kurzer Zeit an neuralgische Punkte verlegt werden können. Der schon genannte Ingenieur John Bourne hatte sieben Jahre vor dem Aufstand in einem Bericht an die Regierung bereits vorgeschlagen, Indien mit seiner großen Fläche über den Ganges und andere Flüsse mit Dampfbooten zur Kommunikation und für den Handel zu erschließen. Die Kosten seien nicht der Rede wert, so große Vorteile hätte eine solche Investition.[3] Bourne wird sich in seiner Zeitschrift *The Artizan* als einer der ersten Ingenieure für den

Abbildung 7: Exekution von Aufständischen in Peshawar 1857. *Illustrated London News* 1857

Abbildung 8: Zwei Sepoys der 31st Native Infantry in Lucknow gehängt. 1857. Foto von Felice Beato (1832–1909). J. Paul Getty Museum

Flug schwerer als Luft einsetzen und Mitglied der *Aeronautical Society.* Auch das Mitglied David Stevens Brown hatte die großen ökonomischen Vorteile im Sinn. In *The Mechanic's Magazine* äußerte er in einer Diskussion über den Einsatz schiefer Platten im Schiffbau, die den Widerstand vermindern, er könne damit in 50 Stunden in den USA und in 14 Tagen in Indien und wieder zurück sein.[4] Er dachte an einen großen Exodus aus England in die Kolonien. Man solle daran denken, »dass wir durch die Kolonisierung Wettbewerber und Arme in Konsumenten verwandeln«, wie in einem Essay zu lesen.[5]

Bei allen diesen Überlegungen spielten außer Bourne und Brown noch viele der späteren Mitglieder der *Aeronautical Society* eine herausragende Rolle, vor allem Präsidium und *Council.* Ihr Präsident, der 8th Duke of Argyll, war als Lordsiegelbewahrer (eine Art Minister ohne Portfolio) und als Staatssekretär für Indien unter Gladstone 1866-74 an Regierungsentscheidungen beteiligt, ebenso das Mitglied im *Council*, Lord Dufferin and Claneboye, als Unterstaatssekretär für Indien 1864. Flottenadmiral Lord John Hay, ebenfalls im *Council*, hatte im Krimkrieg erste Sporen verdient, war danach Kommodore in den East Indies (Bengalen) und wie der Duke of Argyll ein liberaler Politiker unter Gladstone. Der 3rd Duke of Sutherland, Vizepräsident der *Aeronautical Society*, hatte bereits eine Eisenbahnlinie in seiner Grafschaft in Nordschottland aus eigener Tasche finanziert und engagierte sich gerade beim Bau einer Linie über den Mont Cenis von Frankreich nach Italien, die Calais mit Brindisi verband mit dem erklärten Ziel, die Fahrtzeit nach Indien um 30 Stunden zu verkürzen. Viele andere waren als Ingenieure in konkrete Projekte involviert, so z.B. Charles Tilston Bright, Gründungsmitglied und gefeierter Transatlantikkabelverleger, in die Verlegung eines Unterseekabels im Persischen Golf als Fortführung eines neu verlegten 4600 km langen Kabels von Thorn in Preußen nach Teheran und weiter nach Kalkutta durch die von St. Petersburg und Tiflis aus operierende Siemens und Halske. Am 12.4.1870 benötigte die erste von London nach Kalkutta abgesetzte Depesche wegen des von Siemens entwickelten automatischen Umschaltsystems nur noch 28 Minuten.

Man sollte daher glauben, dass Großbritannien mit seinem Drang nach Indien mit aller Macht den Bau des Suezkanals unterstützten würde, der im April 1859 unter französischer Leitung begann und nach zehnjährigen politischen Querelen am 17.11.1869 endlich, aber ohne freundliche Anwesenheit des britischen Thronfolger eröffnet wurde. Großbritannien hatte jedoch anhaltenden Druck auf Instanbul ausgeübt und verlangt, das Projekt zu stoppen. Als Vorwand diente die Zwangsarbeit am Kanal, tatsächlich aber erwartete man eine Neuauflage der Kanalbaupläne Napoleons I. von 1799 und den Versuch, britische Handels- und Kolonialinteressen im Nahen und Mittleren Osten durch französische Konkurrenz auszumanövrieren. Die Briten wollten Zeit für eigene Vorhaben gewinnen. Seit 1865 waren Truppentransporter der »Euphrates class« im Bau, die ein ganzes Infanteriebataillon aufnehmen konnten, flusstauglich waren und, wie schon der Name sagt, den Euphrat kontrollieren sollten. Fünf Schiffe waren bei der Eröffnung des Suezkanals fertiggestellt und für den Transport von Truppen nach Indien durch den Kanal bereit, nachdem das Projekt einer Eisenbahnlinie durch das Tal des Euphrat (Euphrates Valley Railway) nicht weiter verfolgt worden war. Der federführende britische Generalmajor Chesney hatte am 13.2.1857 seiner Regierung noch euphorisch vom fortgeschrittenen Stand der Planung berichtet, von den rosigen Aussichten für den Absatz britischer Produkte in der Türkei, in Zentralasien, Persien und Indien und für das Erschließen großer, bisher »nutzlos daliegender« Baumwollanbaugebiete. Das Projekt scheiterte schließlich an Schwierigkeiten der Materialbeschaffung, befürchteten Angriffen durch Beduinen und drohenden Verlusten durch Diebstahl. Sehr wahrscheinlich hat auch die Erfahrung des amerikanischen Bürgerkrieges, als die Textilindustrie von Lancashire von den Baumwollimporten aus den Südstaaten abgeschnitten war, zum Sinneswandel beigetragen, der im Mai 1866 plötzlich eine Vereinbarung mit Napoleon III. und der Hohen Pforte über die Bedingungen der Nutzung des Suezkanals ermöglichte. Das ökonomische und technische Scheitern des Monsterschiffs *Great Eastern* bei der Errichtung eines Transportmonopols, einer seltsamen Mischung aus Segel- Raddampfer- und Schraubenantrieb, das mit 4000 Passagieren und einmaliger Kohleladung die Kaproute befahren sollte, tat ein Übriges, den Widerstand gegen den Bau des Suezkanals aufzugeben. Das war ein Vierteljahr nach Gründung der *Aeronautical Society*.

Sie wurde dann schnell so etwas wie eine Gesellschaft zur Förderung des Eisenbahn- und Schiffbaus, wenn man sich die Qualifikation der in ihr organisierten Ingenieure ansieht. Die Strategen des Projektes wussten um die Probleme, die zu bewältigen waren, und suchten alles zu vermeiden, was sie mit

Abbildung 9: Die 211 m lange *Great Eastern* 1889 beim Abwracken in Liverpool. Aus: Joachim G. Leithäuser, Die zweite Schöpfung der Welt. Berlin 1954

kleinen Erfindern und Bastlern in Verbindung bringen könnte, die schon so oft und so kläglich an ihren Träumen gescheitert waren oder statt eines befreienden Glücksgefühls den Tod gefunden hatten. Es waren technische Fragen in einer Weise zu lösen, wie das Mechaniker und Ingenieure zu tun pflegen: am Detail zu arbeiten, immer wieder neu unter kontrollierten Bedingungen zu experimentieren, bis das Ergebnis die gewünschte Wirkung erzeugt.

Die Initiative zur Gründung hatte der spätere Sekretär der *Society* Frederick William Brearey ergriffen, als er im September 1865 zum 35. Meeting der *British Association for the advancement of Science* nach Birmingham, dem Sitz der Gesellschaft fuhr und dort Vorbesprechungen führte. Es war genau die richtige Adresse, die ihm von seinem Freund, dem Ballonfahrer und weit vernetzten Meteorologen vom *Greenwich Observatory*, James Glaisher, mitgeteilt worden war. Die von seinen Zeitgenossen einfach »British Ass.« oder von bösen Zungen »Association for the advancement of everything« genannte Gesellschaft war 1831 in York vom Vater des zukünftigen Präsidenten der *Aeronautical Society*, dem 7th Duke of Argyll, und vom »man who discovered flight«, George Cayley, als Reaktion auf die elitäre und in akademischen Ritualen erstarrte *Royal Society* aus der Taufe gehoben worden. Der Sitz der Gesellschaft, Birmingham, war Programm: Ihre Mitglieder waren anwendungsorientiert, oftmals direkt involviert in die Entwicklung von Maschinen oder die Verwirklichung von Großprojekten wie der vielfache Erfinder und Kabelfabrikant Carl Wilhelm Siemens, der Spezialist für Dampfkessel, Mühlenbauer und Betreiber einer Baumwollspinnerei, Sir William Fairbairn, der Atlantikkabelverleger Charles Tiston Bright, der Baumeister für die Kanalisation in London, Baldwin Latham, der Eisenbahningenieur G.J.Crosbie Dawson, der Unternehmer für Dampfkessel und Hygrometer, Thomas Walker, und ein Urgestein der Physik, David Brewster, Erfinder des Stereoskops. Sie alle werden sich als Mitglieder der *Aeronautical Society* wieder finden.

Der Gründungskern aus Brearey, Duke of Argyll, Glaisher, dem Marineingenieur Francis Herbert Wenham, dem Psychiater und Fotografen Hugh Welch Diamond und dem Direktor der *Lenoir Gas Engine Company* mit Sitz in Paris, James William Butler, traf sich zum ersten Mal am 12.1.1866 in Argylls luxuriöser Lodge in London. Butler wird in Paris die Kontakte zu französischen Aeronauten knüpfen und wie der mit einer Französin verheiratete Glaisher für deren Beteiligung an der ersten Ausstellung von Fluggeräten 1868 im *Crystal Palace* sorgen. Auch Wenham wird nicht Mitglied der *Society*, aber doch einer ihrer wichtigsten Propagandisten, der schon beim ersten offiziellen Meeting mit seinem inzwischen berühmten Beitrag »On *Aerial Locomotion* and the Laws by which Heavy Bodies impelled through Air are Sustained«, seinen Vogelflugbeobachtungen in Ägypten und der Vorstellung eines Doppeldeckers die Messlatte für die gewünschte Arbeitsweise der *Society* sehr hoch legte.[6] Der 1824 in Kensington als Sohn eines Marinechirurgen geborene Francis Herbert Wenham (Abbildung 10) ist mit seinem Werdegang die Idealfigur eines Ingenieurs, dem die Entwicklung eines tauglichen Fluggerätes zuzutrauen war.

Abbildung 10: Francis Herbert Wenham 1866. Fotograf unbekannt. Quelle: Monash University

Nach einer 5-jährigen Ausbildung bei einer Schiffbaufirma in Bristol und Beobachtungen von Antriebsversuchen mit Schiffsschrauben auf einem kleinen Dampfboot auf der Themse war Wenham am Zeichentisch einer Firma gelandet, die die Kurbelwelle der *Great Britain* zu schmieden hatte. Die *Great Britain* (Abbildung 11) war ein aus Eisen gebautes Segelschiff mit zusätzlicher Dampfmaschine und Schrauben- statt Schaufelradantrieb, das 1845 als erstes Dampfschiff den Atlantik überquerte, im Krimkrieg Truppen transportierte und seit 1854 mit einer neu entwickelten Schiffsschraube als Auswandererschiff nach Australien fungierte. Sie war im Wesentlichen finanziert von *Gibbs, Bright and Co.* in Liverpool, ehemaligen Zucker- und Skla-

Abbildung 11: *Die Great Britain* wurde nach ihrer Jungfernfahrt 1845 von Liverpool nach New York als Emigrantenschiff und während des Krimkriegs als Truppentransporter eingesetzt. Aus: Joachim G. Leithäuser, Die zweite Schöpfung der Welt, Berlin 1954

venhändlern in der Karibik, die nach Ächtung der Sklaverei erhebliche Mittel in Dampfschiffe und deren Ausrüstung mit Schiffsschrauben investierte. Sie waren eine Erfindung des Böhmen Josef Ressel, der sie 1829 in ein kleines Dampfschiff, die »Civetta«, eingebaut und in der Bucht von Triest getestet hat. Im Antrag auf ein Privileg hatte er auch eine Verwendung für Windmühlen im Sinn. Ressel wurde durch bürokratische Willkür der K.u.K. Offiziellen ausgebremst, seine Idee gelangte auf dunklen Kanälen nach England und mutierte bis heute zu einer Erfindung britischer Schiffbauer, die sie sofort kommerziell zu nutzen verstanden und bereits 1839 mit der »SS Archimedes« ihr erstes Schiff mit Schraubenantrieb ausrüsteten.

Die höhere Umdrehung für den Einsatz der Schraube war wegen der nicht ausreichenden Kolbengeschwindigkeit der Dampfmaschinen zunächst nur mit einer Zahnradübersetzung zu erreichen, aber die Zahnräder brachen leicht und verbrauchten durch Reibung viel Energie. Wenhams auf eigene Rechnung entwickelte Überdruckdampfmaschine hatte ein geringeres Gewicht und so schnell rotierende Schrauben, dass sie in Schiffen gegen Blockadebrecher im amerikanischen Bürgerkrieg zum Einsatz kamen. Eine adäquate Schraubenform ließ sich damals wie heute nur durch Experimente und Probefahrten herausfinden, aus Gründen, die ein in Deutschland weit verbreitetes populärwissenschaftliches Werk anschaulich dargelegt hat:

»Am wenigsten lässt sich das Ideal der Schraube durch Rechnung finden, denn das Spiel derselben mit dem umgebenden Wasser ist ein so kompliziertes, dass es sich eben der Berechnung entzieht. Die Schraube regt nicht nur selbst das Wasser in eingentümlicher Weise auf, sondern findet auch immer schon stark aufgeregtes Wasser« (Engelmann 1879).[7] Dasselbe gilt für den Propeller eines Flugzeugs.

Als Wenham von September 1856 bis Juli 1857 in Begleitung des Fotografen Francis Frith in Ägypten war, wo sie noch mit 40 x 50 cm großen Glasplatten hantierten, hatte er sein selbst gebautes kleines Dampfboot dabei, nachdem er es vorher über die Themse, entlang der Küste durch den Kanal bis nach Liverpool getestet hatte. Von Alexandria aus fuhren die Beiden damit noch 800 Meilen nilaufwärts. Zurück in Kairo verkaufte er das Boot an den schottischen Ingenieur des Paschas.

Er arbeitete weiter an leichten Gas- und Heißluftmaschinen und dachte sich eine Straßenlokomotive für Schwertransporte aus. Manchmal baute er selbst, was er entworfen hatte und hielt Vorträge in der *Royal Photographic Society* über seine Erfindungen eines Stereomikroskops, achromatischer Gläser und eines Vergrößerungsapparats mit Gaslampen. So entstand der Kontakt zum Fotografen Diamond, der ihn zum ersten Treffen in die Argyll Lodge mitnahm.

Als sich die Mitglieder am 28.3.1866 zu ihrer konstituierenden Sitzung im *Stafford House*, nur einen Steinwurf vom *Buckingham Palace* entfernt trafen, waren sie sich ihrer Ausnahmestellung bewusst (Abbildung 12-16). Der innen wie außen einem Schloss Ludwigs XIV. nachempfundene Palast des 3rd Duke of Sutherland empfing sie in einer gebäudehohen Eingangshalle, die über großzügige Freitreppen Säle und Gemächer erschloss. Das *Stafford House* galt als das teuerste Privatanwesen Londons. Hier wohnte auch der zukünftige Schatzmeister der *Aeronautical Society*, Henry Wright esq., Privatsekretär des Duke of Sutherland. Die ehrenwerte Gesellschaft war gut miteinander bekannt. Viele von ihnen segelten im *Royal Yacht Club Cowes* auf der Isle of Wight, aus dessen Regatten der Luxusyachten der *Americas*

(von links nach rechts)

Abbildung 12: George Douglas Campbell, 8th Duke of Argyll. Gemälde von George Frederic Watts

Abbildung 13: George Granville William Sutherland Leveson-Gower, 3rd Duke of Sutherland, Viscount Trentham, Earl Gower, Marquess of Stafford. 1870. Karikatur von Carlo Pellegrini, *Vanity Faire*. Freund des Prince of Wales, des späteren Edward VII.

Abbildung 14: James Glaisher. The MacTutor History of Mathematics archive. University of St. Andrews

Abbildung 15: Dr. Hugh Welch Diamond 1869. Foto Henry Peach Robinson

Abbildung 16: Stafford House. Eingangshalle 1850. Aquarell von Joseph Nash

Cup hervorging. Mitglieder waren Lord Dufferin and Claneboye, Großgrundbesitzer in Nordirland, Lord Grosvenor, Enkel des 1st Duke of Sutherland und später Direktor der *Northwestern Railway*, Flottenadmiral Lord Hay und der Hausherr des *Stafford House*, Duke of Sutherland, fünf weitere hatten über Familienangehörige Zugang. Von 17 Mitgliedern des *Council* besuchten 11 den Yachtclub, enge Beziehungen zur *Royal Navy* inbegriffen. Im Krimkrieg hatten ihre Yachten Soldaten transportiert, und der Duke of Sutherland brachte 1864 höchstpersönlich seinen Gast Garibaldi auf seiner Yacht zurück nach Caprera, eine kleine Insel nordöstlich von Sardinien, wohin sich Garibaldi nach seiner missglückten Militäraktion gegen den Kirchenstaat schwer verwundet zurückgezogen hatte.

Der einzige aus den Reihen des Hochadels, der auch ein persönliches Interesse am Erfolg der *Aeronautical Society* hatte, war Duke of Argyll. In seinen Memoiren berichtet er begeistert von seinen Beobachtungen des Vogelfluges[8] und betont sein besonderes Interesse an Ornithologie, obwohl er Mitglied der *Geological Society* war und sein erster wissenschaftlicher Beitrag von einem auf der Isle of Mull gefundenen Fossil handelt. Mit Prince Albert hat er im Oktober 1859 über die Form der Flügel diskutiert. Die Ausnahme Argyll bestätigt die Regel, dass die meisten der Mitglieder der *Society* keinen aktiven Anteil an der Entwicklung eines Flugapparates nahmen, aber mit ihrer Mitgliedschaft die Bedeutung des Projektes unterstrichen und mit ihren Beziehungen in alle denkbaren wissenschaftlichen Gesellschaften und Vereinigungen von Ingenieuren, zu Bankern und Industriemagnaten, zu Militärs,

Politkern und Presseleuten dafür sorgten, die Entwicklung von Fluggeräten als eine Angelegenheit von strategischem Wert für das Empire zu behandeln. Die Zeiten, da das *House of Commons* in Lachsalven erstickte und Henson und Stringfellow als hoffnungslose Spinner galten, waren endgültig vorbei.

Abbildung 17: *Army and Navy Club*. Pall Mall. Lithographie aus *The Stationers Company's Almanac for 1875*

Treffpunkte wie der *Army and Navy Club* (Abbildung 17) und die *Royal Asiatic Society* kondensierten die imperialen Interessen, die sich auch in harmlos klingenden Vereinigungen wie der *Geological Society* versteckten, der ebenfalls viele Mitglieder der *Aeronautical Society* angehörten. Die Gesellschaft stand unter Victorias königlicher Patronage, Prince Albert war Vize-Patron. Ihr Präsident Roderick Impey Murchison machte sie zu einem schlagkräftigen Instrument der imperialen Expansion und förderte geologische Untersuchungen zur Erschließung von Rohstoffen im gesamten Empire, wenn möglich darüber hinaus. Nach Indien fliegen zu wollen und in Rangun Minen zu betreiben waren zwei Seiten einer Medaille. Es wurde Klartext geredet, wenn technische Neuerungen militärische und ökonomische Überlegenheit förderten, und mit blassierter Arroganz in elitären Zirkeln eine Aura der Unbesiegbarkeit verbreitet. Dort war man unter sich, begrenzte den Zugang durch hohe Hürden der Mitgliederbeschränkung, der Aufnahmerituale und deftiger Beiträge und heiratete untereinander. Diese abgehobene Kaste des großen Empire war die Welt der Mitglieder der *Aeronautical Society*.

Der Flug des Albatros

Baudelaire hat 1857 mit »L'Albatros«, einem der ersten Gedichte der »Blumen des Bösen«, das Gefühl eines vergeblichen Höhenflugs in das Bild des unbeholfenen Albatros am Boden gekleidet. In der letzten Strophe heißt es:

> »Der Dichter ähnelt dem Prinz der Wetterwolken
> Der die Stürme sucht und über den Bogenschützen lacht;
> Auf den Boden verbannt inmitten des Hohngelächters,
> Hindern ihn die Riesenflügel am Gehen« (eigene Übersetzung).

Seit den 1850er Jahren war der Albatros plötzlich in aller Munde. Er war erst durch die antarktischen Fahrten eines James Cook, eines Georg Forster und Zahlreichen nach ihnen in Europa bekannt geworden. Das Hauptausbreitungsgebiet des Albatros sind die sturmgepeitschten subarktischen- und vor allem antarktischen Regionen, in die die westlichen erobernden Entdeckungsreisenden erst in der zweiten Hälfte des 18. Jahrhunderts vorgedrungen sind. Der Albatros mit einer Flügelspannweite von bis zu vier Metern hat die Seefahrer tage- und wochenlang begleitet, und es schien, dass er stundenlang in der Luft blieb und fast nie mit den Flügeln schlug. Die Seeleute glaubten, er habe magische Kräfte und habe die Seelen verlorener Kameraden aufgenommen, die sie durch seine Hilfe weiter begleiteten. Der romantische Dichter Samuel Taylor Colerigde erzählte 1798 in »The Rime of the Ancient Mariner« die Geschichte eines alten Seemannes, der einen Albatros tötete und, weil sie danach in eine Flaute gerieten, von der aufgebrachten Besatzung dazu verurteilt wurde, statt eines Kreuzes den toten Albatros um seinen Hals zu tragen. Ein *albatross around one's neck* ist im Englischen sprichwörtlich für tiefsitzende Ängste geworden (Abbildung 18).

Abbildung 18: Albatros. Aus: Louis Figuier, Les oiseaux. 4. ed. Paris 1882, S. 111

Wie schaffte er es, so lange ohne einen einzigen Flügelschlag in der Luft bleiben und sogar an Höhe zu gewinnen? In einem weit verbreiteten populärwissenschaftlichen Buch wurde das Erstaunen beschrieben:

»Der Albatroß (Diomedea exulans) ist der eigentliche König des hohen Meeres, das Bild eines Helden, der unter den heftigsten Stürmen des Mißgeschicks den unerschütterlichen Gleichmuth eines starken Herzens bewahrt.

Stolz und edel schwimmt er auf seinem Elemente, und Trotz bietet er jedem Toben der See und jedem Brausen des Sturms; ohne das Wasser auch nur mit den Flügelspitzen zu berühren, erhebt er sich mit steigender Woge und senkt sich wieder in den nahen Abgrund hinab...Er lebt von thierischen Substanzen, die auf der Oberfläche schwimmen, und obgleich er manchmal seine Nahrung im Fluge erhascht, so faltet er ebenso häufig seine Flügel und schwimmt wie eine Möwe herum: Wünscht er sich dann zu erheben, so sieht man ihn laufen und mit den Flügeln aufs Wasser schlagen, bis er den gehörigen Schwung bekommen und eine Welle von hinreichender Höhe gefunden hat, von deren Kamm er alsdann wie von einer Felsenkante aufspringt und seinen majestätischen Flug über eine weite Strecke des Ozeans von neuem beginnt«.[9] Brehm zitiert ausführlich den weit gereisten Naturforscher George Bennett, der sich 1836 endgültig in Australien niederließ und aus Sidney von seinen Beobachtungen regelmäßig dem Ornithologen John Gould berichtete, einem Mitarbeiter Darwins und Kenner des Albatros aus eigener Anschauung. Bennett glaubte noch, dass der Albatros seinen erstaunlichen Langflug nur durch eine Unzahl luftgefüllter Zellen an seiner Körperoberfläche zustande bringe, da er weniger Muskeln hat, als sein Äußeres vermuten ließ. Unter dem Deckgefieder war blendend weißer Daunen. Die Franzosen nannten den Albatros deshalb »mouton du cap«. Das Kapschaf wurde für Muffs und Decken erbarmungslos gejagt und war bis Ende des 19. Jahrhunderts in einigen Regionen fast ausgerottet.[10]

Die steile wissenschaftliche Karriere verdankt der Albatros diesen Flugleistungen, die allen gängigen Theorien über den beim Flug notwendigen Kraftaufwand widersprachen. Sie wurden von Nadar der *Académie* empört entgegengehalten und lenkten schließlich auch die Aufmerksamkeit der Konstrukteure von Flugapparaten auf die Untersuchung des Segelflugs. Einer der ersten, die sich damit beschäftigten, war Jean-Marie Le Bris (1817-72), der mit 19 Jahren als einfacher Matrose auf der *Héroine*, einer Corvette der französischen Marine 441 Tage und 46 000 Seemeilen auf See in Lateinamerika, Südafrika, Australien, Tasmanien, Neuseeland, Tahiti, Chile unterwegs gewesen war.[11] Die *Héroine* hatte den Auftrag, französische Walfänger und Seehundjäger zu schützen und im Pazifik Flagge zu zeigen. Kapitän Jean-Baptiste Cécille leitete später als Admiral die Besetzung Da Nangs und Saigons in Vietnam.

Le Bris ließ die Erinnerung an den Albatros nicht mehr los, nachdem er den Flügel eines toten Albatros dem Wind ausgesetzt hatte. Entgegen seinen Erwartungen und gegen seinen Widerstand hatte der Flügel ihn nach vorne in den Wind hinein gezogen. Das berichtet de la Landelle, der Le Bris ausrufen lässt:. »Ich hatte das Geheimnis des Vogels entdeckt! Ich verstand das ganze Mysterium des Fluges«. Le Bris kehrte mit dem Gefühl einer großen Erleuchtung in seine bretonische Heimat zurück und verdiente seinen Lebensunterhalt als Kapitän (maître au cabotage) verschiedener Küstensegler und Dampfschiffe.

Chanute hatte Schwierigkeiten, die in einem Roman de la Landelles verpackten Angaben zu den von Le Bris gebauten Fluggeräten zu verwerten, da er sich nicht sicher war, ob sie nur der Phantasie eines gut informierten Schriftstellers entsprungen waren oder ob tatsächlich Experimente stattgefunden haben (*Les Grandes Amoures* 1878). Aber als de la Landelle dieselben Angaben in seiner Geschichte der Luftfahrt wiederholte, konnte Chanute seine Skrupel überwinden und sogar einige persönliche Nachrichten über die finanziellen Probleme Le Bris' beim Bau des *Albatros* und die höhnischen Zuschauerreaktionen einfließen lassen.[12] Gabriel de la Landelle, der Weggefährte von Nadar, Ponton d'Amécourt und Jules Verne, stammte wie Le Bris aus der Bretagne (Brest und Saint Malo) und hatte als Fregattenkapitän 1839 die Kriegsmarine verlassen, um sich als Romancier zu betätigen. Er hat mit Sicherheit Le Bris nicht nur gekannt, sondern auch dessen Flugversuche mit dem *L'Albatros artificiel* selbst beobachtet, die er in allen Einzelheiten schilderte. Sein Freund Nadar hat 1868 Le Bris' *Albatros II* fotografiert (Abbildung 19), die erste jemals gemachte Aufnahme eines Flugapparats. Und es gibt ein Patent, das sich Le Bris 1857 für seinen ersten *L'Albatros artificiel* ausstellen ließ.

Abbildung 19: Albatros II von Le Bris 1868. Foto: Nadar

Es war kein Ornithopter. Die Flügel waren fest an einem Kanu angebracht, konnten aber durch einen raffinierten Seilzugmechanismus vom stehenden Le Bris (Chanute: eine gute Position) auf verschiedene Winkel gegen den Wind verstellt werden. Mit den Füssen betätigte er Hebel für die Bewegung des Schwanzes. Die Flügel mit einer Spannweite von 18 Metern waren an der Vorderkante mit einem flexiblen Holz verstärkt, das die Form des Albatrosflügels nachahmte, die Flächen verstrebt und mit »canton flanell« bedeckt, die flauschige Seite unten. Gestartet wurde mit Hilfe einer von einem Pferd gezogenen Bauernkarre und Auslösen per Seil bei erreichter Geschwindigkeit und manchmal von einer Anhöhe aus. Chanute beschreibt einen Versuch auf der Straße bei Trefeuntec in der Nähe von Douarnenez:

> »Als sie an der Rechtskurve der Straße angelangt waren, wurden die Helfer angewiesen loszulassen und der Fahrer des Karrens, das Pferd in Trab zu versetzen. Dann hob Le Bris, indem er die Hebel leicht drückte, die Vorderkante der Flügel bis zu einem sehr geringen Einfallswinkel; sie flatterten einen Augenblick, und dann nahm sie der Wind wie ein Segel an der Unterseite, erleichterte das Gewicht auf dem Wagen so stark, dass das Pferd zu gallopieren begann. Mit einem Ruck löste Le Bris das Halteseil, aber siehe ! es klemmte, und der Vogel hob sich nicht. Stattdessen hob sein Auftrieb das Gewicht des Wagens auf, und das Pferd gallopierte als ob es sich in völliger Freiheit befände.... Schließlich gaben die Leisten des Karrens nach und die Maschine erhob sich in die Luft, und Le Bris sagte, er habe sich perfekt ausbalanciert gefunden, als er beständig bis zu einer Höhe von 100 m anstieg und ungefähr das Doppelte dieser Entfernung über die Straße segelte.
>
> Aber es passierte ein Unfall. Im letzten Moment hatte sich das laufende Seil um den Körper des Fahrers gewickelt, ihn von seinem Sitz gehoben und ihn mit in die Luft genommen. Er spielte dabei ungewollt den Part des Schwanzes eines Drachens; sein Gewicht balancierte den Apparat durch einen außergewöhnlichen Glücksfall im angenommenen Einfallswinkel der Stärke des gerade wehenden Windes. Oben in der Maschine fühlte sich Le Bris gut ausbalanciert im Wind und frohlockte, er sei dabei, zwei Stunden in der Luft zu verbringen; aber drunter hing der Fahrer und schrie vor Angst und Schmerz.
>
> Sobald sich Le Bris über die Situation klar geworden war, und das war bestimmt sehr schnell, traf er Vorkehrungen zur Landung. Er änderte den Einfallswinkel seiner Flügel, kam langsam herunter und manovrierte so gut, dass der Fahrer sanft und vollkommen unverletzt den Boden erreichte und wegrannte, um sein Pferd einzufangen, das stehengeblieben war, nachdem es wieder das Gewicht der Karre hinter sich gespürt hatte; aber das Gleichgewicht des künstlichen Albatros war nicht mehr dasselbe, weil Teile des Gewichts weggefallen waren, und Le Bris gelang kein Wiederaufstieg. Er schaffte es, mit seinen Hebeln den Abstieg zu verlangsamen und kam völlig unverletzt nach unten, aber ein Flügel schlug vor dem anderen auf den Boden und wurde leicht beschädigt« (S. 106, 107).

Das ist schon eine wahnwitzige Geschichte, in der ein bisschen zu viel auf einmal passiert. Aber was sie glaubwürdig macht, sind die korrekten Beschreibungen der Effekte, die eingetreten waren. Sie betrafen alle die mangelnde Beherrschung der Längsbalance und die gewaltigen Wirkungen des Auftriebs. Le Bris wird in bemannten und unbemannten Versuchen nie wieder so erfolgreich sein und sich bei einer völlig missglückten Landung einen Knochenbruch und mit dem *Albatros II* einen Totalschaden einhandeln. Chanute führt seine Misserfolge auf fehlende wissenschaftliche Durchdringung vieler Detailfragen zurück. Le Bris' Tod ist tragisch und hat nichts mit seiner Fliegerei zu tun. Nachdem er sich freiwillig als einfacher Soldat im 70er Krieg gemeldet hatte, war er als Dorfpolizist in Douarnenez bei einer Schlägerei tödlich verletzt worden.

Aber der Albatros lebte weiter in den Köpfen versierter Ingenieure. Francis Herbert Wenham verstärkte den Mythos des Vogels in seinem wirkungsmächtigen Vortrag *On Aerial Locomotion* auf der ersten Sitzung der *Aeronautical Society* 1866. Der Albatros würde, so werde erzählt, bei stürmischer See, die ein Wassern unmöglich mache, in der Luft schlafen, so stark sei die »sustaining power«, die stützende Kraft seiner Flügel. »Wenn er hoch in der Luft fliegt, streicht er mit völlig bewegungslosen Flügeln langsam nach unten bis er in der Nähe der Wellen erwacht und zum erneuten Schlaf wieder aufsteigt«. Natürlich hatte noch niemand der Wahrheitsgehalt einer solchen Behauptung überprüfen können. Es war nur ein Bild für die majestätische Ruhe, mit der der Albatros seine Kreise zieht und dabei die Geschwindigkeit einer Lokomotive übertreffen kann – *Aerial Locomotion.*

Was erzeugt die »stützende Kraft«? Der Londoner Ingenieur Thomas Moy verglich in einem 1884 vor der *Balloon Society* und in ähnlicher Weise schon 1869 vor der *Aeronautical Society* gehaltenen Vortrag die Wirkung auf die Flügel des Albatros mit der Wirkung auf die Segel eines hart am Wind fahrenden Bootes. Dabei entstehen vorwärts treibende Kräfte gegen den Wind.[13] Er glaubte nun, dass der Auftrieb für den Albatros durch Wind entsteht, der über hohe Wellen streicht, in den Wellentälern Fahrt aufnimmt und am Gipfelpunkt der Welle nach oben fährt. Diesen Effekt wollte er ausnutzen und empfahl, mit angeschnallten steifen und nach hinten verlängerten Flügeln mit einem Seil an einem Anker festgezurrt zu warten, bis der Schwimmer mit den ausgebreiteten Schwingen auf einem Wellengipfel ritt und jetzt nur noch den Anker mit einem kurzen Ruck lösen musste, um nach oben zu schnellen und dann weiter zu fliegen. Der Schwimmer war lediglich mit einem »inflated Boynton dress«, einem aufgeblasenen Gummianzug ausgerüstet. Chanute hat diese gefahrlose Methode, bei der man nur nass wurde, zur Nachahmung empfohlen, war aber davon ausgegangen, dass der Start von einem Rettungsboot erfolgen sollte. Moy spricht nur von einem Begleitboot. Er hat die Probe aufs Exempel nicht angetreten, obwohl er schon 1861 die Wirkung von Strudeln auf Flügel untersucht hatte, die unter Wasser an einem Boot angebracht waren. Verblüfft hatte er festgestellt, dass sich das Boot aus dem Wasser hob.[14] Das war wohl der Ausganspunkt für seinen Vorschlag, mit auf dem Wasser schwimmenden Flügeln (hydrofoil) und dem nötigen Vortrieb durch

Abbildung 20: Thomas Moy airplane. Monash University Melbourne

den Wellengang, einfach abheben zu können. Auf die Idee, den Effekt für einen neuen Bootstyp auszunutzen, ist er nicht gekommen. Das erledigte der Turiner Marineingenieur Enrico Forlanini Ende des Jahrhunderts mit einem Tragflügelboot.

1872 baute Moy mit dem Ingenieur Richard Edmund Shill ein Fluggerät mit leichter Dampfmaschine, das durch riesige und zwischen zwei Tragflächen schlecht platzierte Propeller am Flügel eher gefährliche Turbulenzen und erhöhten Widerstand als einen berechenbaren Auftrieb produzieren musste (Abbildung 20). Es ist eine verwirrende Mischung aus Druckpropeller für den vorderen und Zugpropeller für den hinteren Flügel. Durch Schrägstellung in verschiedenen Winkeln wurden die Tragflächen von unten angeblasen, wenn es in die Höhe gehen und von oben, wenn es nach unten gehen soll. Moy war also der Meinung, dass alleine Wind von unten die stützende Kraft des Flügels erzeugt, während man heute weiß, dass vor allem die Oberseite des Flügels im Verhältnis von etwa 3 zu 1 für den Auftrieb verantwortlich ist. Chanute, der den prinzipiellen Fehler auch nicht gesehen hat, konnte »mit den Kenntnissen, die wir gegenwärtig haben«, annähernd überschlagen, dass die Geschwindigkeit des Geräts von 12 Meilen in der Stunde für ein Abheben nicht ausgereicht hätte, sondern 35 Meilen erforderlich gewesen wären, d.h. es war der Widerstand des Flugapparats durch Rahmen, Seile und Räder unterschätzt worden. Tatsächlich war der Fehler durch das unterschiedliche Anblasen der Flächen noch viel größer. Das Flugzeug hätte sich durch abreißende und verwirbelte Luftströme wie ein Schiff in aufgewühltem Wasser mit entsprechend großen Reibungsverlusten und Balanceproblemen ohne sicheren Auftrieb vorwärts bewegen müssen. Der Erfinder, der auch Verbesserungen für Schiffe entwarf, hat nicht auf die über 30 Jahre alten Erfahrungen mit Schiffsschrauben zurückgegriffen. Seine Propeller ähneln schräg gestellten Flügeln einer holländischen Windmühle. Sieben Jahre später waren daraus vorne angebrachte zweiflügelige Propeller geworden, die seinen »Militärdrachen« auf Rändern und mit Gummimotor in eine Beobachtungsposition starten sollten. Er sah schon aus wie ein Flugzeug.

Moy erreichte mit dem dampfgetrieben Fluggerät in Probefahrten im Außengelände des *Crystal Palace* einen minimalen Luftsprung von wenigen

Zentimetern und musste gegenüber Chanute zugeben, dass sein Apparat weder längs noch quer stabil ist. Es gab einfach zu viele Probleme auf einmal und das wichtigste, die Wirkung der Luftströmung am Flügel, die es dem Albatros erlaubten, bei stürmischem Wind ruhig seine Bahnen zu ziehen, war noch völlig unverstanden. Dabei war Moy kein bewusstloser Bastler. Er besaß Patente für Dampfboiler, Dampfmaschinen, Schiebeventile und Verbesserungen der Steuerung von Booten und Fluggeräten. Mit Erfinderstolz nannte er sich 1878 in einer Anzeige im *Annual Report* der *Aeronautical Society* »Assoc. I.N.A. (Associate of the Royal Institution of Naval Architects), Consulting Engineer in Aeronautical Science. Inventor and Patentee of Light Stream Boilers and Engines for Carriages, Boats, and Aerial Propellers«.

Drachen

Jean Paul, der mit »Des Luftschiffers Giannozzo Seebuch« 1800 eine wunderbare Novelle zum befreienden Gefühl des Fliegens veröffentlicht hat, meinte nach einer Zeitungsmeldung im Extrablatt der *Bayreuther Zeitung* vom 12. Mai 1808 über die Flugversuche des Wiener Uhrmachers Jakob Degen mit seinem an einem Ballon hängenden Schlagflügelapparat, die erste und wichtigste Maßnahme in jedem Staat sei es jetzt, eine vorläufige Flugordnung zu erarbeiten. Sie war ganz anders gestrickt als die ernst gemeinte von Laurent-Gaspard Gérard 1784, der die Flieger nur als Familienausflug mit einem Staatskommissar an Bord abheben lassen wollte, um einem Geheimnisverrat über Truppenbewegungen und Befestigungsanlagen vorzubeugen. Jean Paul redete einer »Entflügelung des Volkes« das Wort:

»Das Erste und Wichtigste ist, daß eine Gesetz-Kommission in jedem Staate nieder- und von ihr eine vorläufige Flug-Ordnung aufgesetzt wird. Die nöthigsten Luft-Aufseher, Luft-Räthe und Luft-Schreiber werden verpflichtet. Sehr verständig ist, daß sie – wenn ich nicht zuviel hoffe – jedem das Fliegen und Erheben untersagen, der nicht von Adel ist, oder sonst von einer gewissen Standes-Erhöhung. Die unteren Stände müssen unten bleiben; der Erdboden ist der goldne Boden ihres Handwerkes, indeß die höhern mehr von Luft und Luftschlössern leben; und wozu Flügel für einen Pöbel, der so gut zu Fuße ist, gegen den Adel in Kutschen und Sänften? Es kann im ganzen Luft-Departement nur eine Stimme darüber sein, daß das Volk, wenn man ihm nicht die Flügel beschneidet ... nichts wird als ein fliegender Drache, aber ohne Schnur und nicht ganz von Papier, der, wie schon längst die Hexen, bloß zur Anbetung des Teufels, durch den Himmel reiset. Denn darf der Pöbel die Luft durchschwärmen: so ist nachts kein Hut mehr auf dem Kopfe und kein Schinken im Rauchfange mehr sicher ...«[15]. Dann folgen in penibler Aufzählung einige Ausnahmen bei der »Entflügelung des Volkes«, die von einer Flug-Kammer und einem Luftsenat bearbeitet werden sollen.

Ein Volk, dem man nicht die Flügel beschneidet, wird nichts als ein fliegender Drachen ohne Schnur und nicht ganz von Papier. So etwas Ähnliches schwebte dem 1899 geborenen Gustav Mesmer vor, dem Flugradbauer und Ikarus vom Lautertal, der wegen einer liebenswerten Form der Schizophrenie viele Jahre in der Psychiatrie von Schussenried verbrachte, dort handwerkliche Fertigkeiten erwarb und seit Mitte der 50er Jahre mit Flügel- und Drachenaufsätzen für Fahrräder experimentierte. Er hat seine Vorstellungen in einer »Lehrschrift für Gelände Flug Aparate« niedergelegt und fein illustriert. »Der Mensch«, sagt er, »Die Jugend wollen mit Interesse erwarten daß ein Flugaparat, von Flugtechnikern, erstellt wird, mit dem über kleine Landschafts Gelände als Hopisport, zur Luft etwass tumeln kann. Es wäre doch schön am Feiertag etwas zur Luft sich vergnügen zu können. Der Idee nachkommend habe ich mir Mühe gegeben, so eine Lüfte Aparat, aus zu tiffteln. Ein Bastler zeigt, nach langem Erforschen in schriftliche Erklärung Wider gebend, gestaltung u. Kniffe, an Flug Aparaten. Form und Zurichtung aus gewählt sind verschiene Arten, von Formen, für Gleitflug, Schwingen, Fahrrad Flug aparat. Aus gewählt sind, lange Drachendeks....« (Abbildung 21 u. 22, S. 42).

In seinen »Forschungsskitzen« beschreibt und zeichnet er alle möglichen Fluggeräte, darunter auch viele Drachenähnliche wie den »Luftspaltdrachen«, den »Schwebedrachen« das »Drachen Deck mit Luftstau Ösen langsam schwebt«, das »Luftstrom Drachen Flugrad«, das »Doppeldrachen Flugrad«, den »gewöhnlichen Drachen, hinten 2 kleine Drachen, mitte Drachen Lufthaltungsröhre«, ein »Luftschaufel Drachen Deck Flugrad«, sogar ein »Drachen-Raum Schiff« und ein »Schwimmboot Drachen mit Luftschaufelschweif hinten«, alle ohne Schnur. Gustav Mesmer hat richtig erkannt, dass er mit Abänderungen des Drachens experimentieren muss, wenn er sich am Feiertag in etwas Luft vergnügen möchte.[16] Er wollte nicht Drachen fliegen lassen, sondern mit Drachen fliegen wie die heutigen Freizeitsportler, die Schinken aus dem Rauchfang holen.

Die Experimentatoren mit Drachen, die Chanute untersucht, wollten mit ihnen und mit Schnur Menschen aus Seenot retten, militärische Beobachtungsposten einrichten, mit dazwischen geschalteten Stahlfedern den Auftrieb und mit Barometern den Luftdruck messen. Als es für die Ingenieure immer wahrscheinlicher wurde, dass sie einen Flug schwerer als Luft schaffen können, avancierte der Drachen in allen möglichen Varianten zum Testmodell für Flügel, weil schon der einfache schwanzlose chinesische Drachen verblüffend gut ausbalanciert war. Der Kastendrachen wurde zum Doppeldecker.

George Pocock, ein Lehrer aus Bristol, ist vermutlich derjenige, der die Versuche, mit Hilfe eines Drachens Gewichte zu heben, ins Rollen brachte. Er fing schon als Junge mit kleinen Steinen an und machte mit Balken und schweren Lasten weiter. Seine Schüler machten mit. Schließlich ging er dazu über, seine Familie in die Höhe zu heben, 1824 als erste seine Tochter 82 m hoch. Die Lady im Stuhl war entzückt. Seinen Sohn liftete er vom Strand auf eine 60 m hohe Klippe. Genau so gut konnten natürlich Militärbeobachter den Stuhl besteigen, was Pocock vorschwebte, oder eine Kutsche über die Landstraße jagen, was Pocock 1826 mit seinem patentierten »Charvolant« verwirklichte. Zwei Drachen an 450 m langen Seilen zogen die Kutsche über große Entfernungen mit einer Geschwindigkeit von bis zu 30 km und überholten das damals schnellste Personentransportmittel, die Postkutschen. Francis Wenham berichtet 50 Jahre später in *Aerial Locomotion* sehr ausführlich von diesen Versuchen und zieht den Schluss, dass man den Drachen genau so gut vom Sitz statt vom Boden aus handhaben und steuern könne: »... und wenn das Hauptseil an einem Wasserschlitten statt an einem Wagen mit Rädern angebracht wäre, könnte der Abenteurer Flüsse, Seen oder Buchten in einer beträchtlichen Höhe überqueren, um den besten Platz für eine Landung anzusteuern, indem er in einen Hafen einschwenkt oder wenn nötig steuerbord die Leinen spannt«. Das ist Seemannssprache.

Wenham erwähnt auch den Drachen des Captain der *Royal Artillerie*, Charles Cornwallis Dansey, der mit seiner Hilfe von einem havarierten Schiff aus ein dickes Seil an Land bringen wollte, um mit ihm Schiffsbrüchige retten

Abbildung 21: Gustav Mesmer, Flugradbauer, Ikarus vom Lautertal genannt. 4. Aufl. Tübingen 1999

Abbildung 22: Luftfahrrad. Anzeige in Paris 1890. »L'Aviation, Teilhabergesellschaft. 100 km/std. garantiert. Richtung beliebig. Händler, Mieter oder Gesellschaften, Käufer von 25 Fahrrädern oder gewöhnlichen Dreirädern werden als Prämie das abgebildete *Vélocipède aérienne* bekommen. Die Abhandlung von Monsieur Delprat über die mechanische Luftfahrt wird gegen Nachnahme von 2 Franc 50 zugeschickt.« Dieser M. Delpart war Direktor der *École Supérieure d'Aérostation* und wollte mit diesen Fahrrädern 200 000 Mann in weniger als 12 Stunden über alle Hindernisse hinweg von Paris nach Berlin schicken. »Unnötig zu sagen, dass die französische Regierung mit einer solchen Flotte ihren Willen dem Rest der Welt aufzwingen und alle Regierungen der Welt auf der Stelle zur Entwaffnung verpflichten kann, die alle Völker auf dem Globus von dieser Geisel befreit…«.

zu können. Er bekam dafür von der *Society of Arts* eine Goldmedaille.[17] Der Drachen hatte allerdings einen Schwanz, der ihn für weitere Überlegungen zur Stabilität des Fluges untauglich machte, aber bewies, dass ein entsprechend konstruierter Drache mit gerade mal 1,5 m² Oberfläche das Gewicht eines 30 kg schweren Seils liften konnte. Dansey kämpfte in Sizilien, auf den griechischen Inseln, im Krieg in Spanien und in der Schlacht von Waterloo und hat sich noch in hohem Alter als Oberstleutnant mit der Verbesserung von Geschützen für die *Navy* befasst. Sein Drachen kam trotz Preiswürdigkeit nicht zum Einsatz, genau so wenig wie der Beobachterdrachen Pococks. Sie waren stark von anlandenden Winden abhängig.

Der Drache als Seenothelfer war damit noch lange nicht erledigt, und das hatte mit der Zunahme von Havarien zu tun, als der Handel im 19. Jahrhundert zwischen Irland und England, nach Amerika und den fernen Osten geradezu explodierte. Eine neuralgische Passage war der *North Channel* zwischen dem *Firth of Clyde* von Schottland und der *Ards peninsula* in Nordirland. Dort gab es in Küstennähe sog. »half-tide riffs« und starke Gezeitenströmungen, die besonders an der Einfahrt der Halbinsel *Ards* bei Nordostwind sehr gefährlich werden konnten. Rund 1000 Handelsschiffe erlitten im 19. Jahrhundert im *North Channel* Schiffbruch, nicht gerechnet die zahllosen kleinen Fischerboote. In Ballywalter ca. 25 km östlich von Belfast wurde deshalb 1865, ein Jahr vor Gründung der *Aeronautical Society*, eine »Lifeboat Station« eingerichtet, die bis zum Ende des Jahrhunderts über 150 Seelen rettete.[18] Dort in der Nähe war Edward James Cordner Priester der *Prebyterian Church of Ireland* (nicht katholisch, wie Chanute meinte) und Kurator von Derrywaghy in der Diözese von Connor. Die Gläubigen in der Presbyter Kirche von Ballywalter hatten die Gefährlichkeit der Schiffspassage mit der dort deponierten Schiffsglocke des 1813 gesunkenen Handelsschiffs Ceasar ständig vor Augen. Beim Rettungsversuch war das Boot gekentert und alle fünf Mann ertrunken. Die Lifeboats wurden zu einer Herzensangelegenheit der Reverends, sie stellten in der zupackenden Seelenrettung viele ihrer *Honory Secretaries*.

Reverend Cordner wollte mit übereinander gestapelten, 1859 patentierten Drachen Menschen aus gestrandeten Schiffen hieven. Die Drachen waren sechseckig und ohne Schwanz. Cordner ließ vom Schiff aus erst einmal einen Leitdrachen steigen, band ans Seil einen zweiten größeren, ließ ihn steigen und so fort, bis genügend Auftrieb vorhanden war. Dann wurde ein Rettungskorb mit einem Havarierten an das Drachenseil gebunden und unter fortlaufendem Abrollen an der Küste abgelegt. Cordner hat sein System erfolgreich getestet, ob unter erschwerten Bedingungen eines in Seenot geratenen Schiffes, ist unklar.

Ganz in der Nähe, in *Ballywalter Park* in der Mitte der Halbinsel *Ards*, besaß Lord Dufferin and Claneboye, der Vizepräsident der *Aeronautical Society*, ein riesiges Schloss, eines der edelsten Anwesen in Nordirland (Abbildung 23). Er soll sehr über seine reichen Verhältnisse gelebt haben und war begeisterter Einhand-Segler, Vorsitzender des *Royal Irish Yachtclub* von Kensington in der Dublin Bay, der jährliche Edel-Regatten ausrichtete.[19]

Abbildung 23: Ballywalter Park. Sitz von Lord Dufferin. Aus: Lord Belmont in Northern Ireland. Online 2010

Mit dem Schoner *Foam* machte Lord Dufferin 1856 eine öffentlichkeitswirksame Fahrt im Nordatlantik bis Island, Spitzbergen und Norwegen, die er in »Letters from High Altitude« veröffentlichte. Wahrscheinlich hat er es Reverend Cordner ermöglicht, seine Seenotdrachen 1868 auf der ersten Ausstellung der *Aeronautical Society* im *Crystal Palace* zu präsentieren, bei der auch ein W. Gibson mit seinen fußgetretenen umgeschnallten Ornithopterflügeln anwesend war, der wegen der zahllosen William (?) Gibsons schwer zu fassen ist, aber durchaus einer von den engen Bekannten Lord Dufferins gewesen sein könnte, z.B. William Gibson esq. aus Kingstown (Abbildung 24), dem Ort des *Royal Irish Yacht Club*, der Captain des 4th *Royal Lancashire regiment of militia* war , das zur eigenen leichten Infanterie des Duke of Lancaster gehörte. Dufferin war in den 60er Jahren Kanzler dieser Grafschaft (Weitere Möglichkeiten für W. Gibson im Anhang). Einen Tagessegelturn nordöstlich bewohnte der Duke of Argyll, der Präsident der *Aeronautical Society*, mit *Inverary Castle* am *Loch Fyne* ein gediegenes schottisches Schloss. Man kann es sich nun leicht zusammen reimen, wie es zu diesem verblüffenden Preis für Seenotrettung auf der ersten Ausstellung der *Aeronautical Society* gekommen ist. Er steht für eine der vielen engen Beziehungen zwischen Flugzeugentwicklern und Marineleuten, die ihr Wissen um die schwierige Beherrschung von Wind- und Strömungsverhältnissen in »aero-nautische« Konstruktionen einfließen ließen.

Zu ihnen gehörte Samuel Clark (nicht Clarke wie fälschlich bei Chanute) aus New York City, der 1869 ein US-Patent für einen »marine kite« zur Kommunikation zwischen Schiffen oder von Schiffen mit dem Leuchtturm erhalten hatte. Es handelt sich sehr wahrscheinlich um einen der vielen Clarks, die

Abbildung 24: Die erste Eisenbahn Irlands von Dublin zum Hafen in Kingstown 1834. Blick vom Black Rock über die Dublin Bay Richtung Dublin. Gezeichnet von A. Nichol, gestochen von J. Harris

Kapitäne oder Besitzer von Walfängern waren, da diese Erfindung, vor allem mit ihrer Begründung im Antrag, nur von einem mit praktischer Erfahrung in der Schifffahrt gemacht worden sein kann. Am ehesten kommt der *Master of the Ship Sheridan do solemnly* von 1856 in Frage, Kapitän einer schnellen 895 Tonnen Dreimastbark, die 300 Passagiere aufnehmen konnte und die in seinem Patentantrag abgebildet ist. Es war ein Schiff, das Auswanderer von Antwerpen oder Le Havre nach New York transportierte. Drei Jahre später war er Master eines Walfängers aus New Bedford südlich von Boston, das im 19. Jahrhundert zu einem großen Zentrum für den Walfang und den Holzschiffbau anvancierte und wo der Walfänger Hermann Melville seinen Moby Dick geschrieben hat. Auf einem Walfänger hatte Samuel Clark 1843 als »Greenhand« begonnen.[20] Das Besondere an seinem Drachen war eine Feder, die an einem der Führungsseile dazwischen geschaltet war, um bei Windböen eine geschmeidige Anpassung des Anstellwinkels zu ermöglichen.

Einen Drachen für eine ganz ausgefallene Verwendung konstruierte ein Mr. Thompson, wie er von Chanute schlicht genannt wurde. Ihn konnte ich als den 1851 geborenen Iren John Thompson identifizieren, der im Alter von 23 Jahren nach Kanada auswanderte und als Lotse (Vic Pilot) in der damals 18 000 Einwohner zählenden Hafenstadt Victoria an der Ostküste arbeitete (Abbildung 25). Zum Lotsen passt sein 1880 patentierter Drache, den er als Schirm zum Transport von Nachrichten und Gegenständen oder hochgeklappt zur Anzeige häufig wechselnder Windrichtungen in der sehr engen Hafeneinfahrt nutzen konnte.

Auch Edward S. Boynton aus Brooklyn konstruierte einen Drachen nach einschlägiger Erfahrung. Er hatte, bevor er in der *Campbell Printing Press*

Abbildung 25: Der Raddampfer *Yosemite* und der Schoner *Marguerite* im Hafen von Victoria 1890. Foto: Richard Maynard. British Columbia Archives digital collections.

Druckmaschinen baute, als *Union naval officer* und Ingenieur während des Bürgerkriegs auf der leicht bewaffneten *Iroquois* und dem Kanonenboot *Winona* Dienst getan. Der Tiefgang dieser in großer Zahl während des Bürgerkriegs gebauten zweimastigen Bootsklasse mit zusätzlichem Dampfantrieb betrug mit 2,90 m gerade mal die Hälfte einer üblichen Fregatte. Boynton wusste also um die Probleme des Schlingerns und Rollens bei geringem Tiefgang. Sein Spielzeugdrache mit Kiel interessierte Chanute wegen der erstaunlichen Stabilität, die er ohne Schwanz ereichte, und er empfahl den 1893 in Spielzeugläden angebotenen »Fin«, Kielflosse, dringend für weitere Versuche. Boynton dürfte auch der Erfinder des aufblasbaren Gummianzugs sein (»Boynton dress«), den Moy für seinen Wasserstart empfohlen hat. Er hatte seinen Gummianzug 1875 in Southampton im Beisein ihrer Majestät in mehreren Varianten vorgestellt, die dann von der königlichen Yacht geordert wurden. Er sei Amerikaner aus New York, hieß es, ein bekannter Perlentaucher und Lebensretter (*The Wilmington Morning Star* 14.4.1875)

Ein Himmel voller Schrauben

Nur fünf Monate nach dem ersten bemannten Aufstieg des Heißluftballons der Gebrüder Montgolfier kündigten Bienvenu und Launoy etwas hochtrabend im *Journal de Paris* vom 19. April 1784 eine Maschine an, die sich ohne Hilfe von Ballons in die Luft erheben kann:

> »Die Hilfen, die man der Mechanik entlehnt hat, haben bis jetzt keinerlei befriedigenden Effekt produziert, mehrere Wissenschaftler haben sich sogar schon dahingehend geäußert, dass es unmöglich sei, diese Maschinen mit den auf der Mechanik basierenden Mitteln zu lenken ... Nichtsdestoweniger haben wir mit Hilfe dieser Wissenschaft eine Maschine ohne die Hilfen von Ballons entwickelt, die wir heute der Öffentlichkeit vorstellen, sie lässt uns auf einen schnellen und sicheren Aufstieg hoffen, sie findet ihre bewegende Kraft in sich selbst und erhebt sich mit ihrer eigenen Energie in die Atmosphäre: Wir wagen sogar zu hoffen, dass das Vehikel seines Aufstiegs auch das seiner Steuerung werden wird.«[21]

Es war ein kleines Spielzeug, bestehend aus zwei an den Enden einer Rotationsachse übereinander angeordneten Schrauben von 30 cm Durchmesser, die durch Paddel dargestellt wurden. Die Achse wurde mit Hilfe eines gespannten Bogens durch Abwickeln einer Schnur in Rotation versetzt. Nur eine Woche nach Ankündigung hatten die Beiden die Gelegenheit, ihren Apparat vor der durchaus beeindruckten *Académie des Sciences* vorzuführen. Das Spielzeug gilt heute als die Urform des Hubschraubers und hat mit George Cayley in England einen für die Geschichte der Luftfahrt sehr einflussreichen Nachahmer gefunden, der Kinder und Besucher Jahrzehnte lang mit den fliegenden Schrauben entzückte.

Launoy und Bienvenu hatten geschickt die seit den Ballonaufstiegen ausgebrochene Flughysterie genutzt. Beide waren Händler für wissenschaftlich interessante Produkte, die das auf Aufklärung und Wissen erpichte Publikum des *Palais Royal* für ihre zahllosen privaten Sammlungen erwerben wollte. Das *Palais Royal* (Abbildung 26) war nach dem Umbau durch den Herzog von Orléans mit seinen Ladengalerien und Cafes zu einem bevorzugten Treffpunkt reicher Müßiggänger, debattierender Aufklärer und und Leuten wie dem Geologen Faujas de Saint-Fond geworden, der für die Montgolfiers die Trommel rührte und sich wirkungsvoll in Szene setzte. Direkt gegenüber, in der *rue Rohan* 18, betrieb François Bienvenu (1758-1831) einen Laden, in dem er wissenschaftliche Geräte aus Eigenproduktion verkaufte, populäre Vorlesungen über Physik hielt und bei Betuchten berühmt war für seinen Handkoffer voll von Geräten für physikalische Experimente zuhause. Ein Autodidakt, der sich Handwerker, Unternehmer,. Mechaniker, Physiker und Ingenieur wissenschaftlicher Instrumente nannte. Die einzige nachweisbare Berufsausbildung war die zum Eisengießer. Auf seiner späteren Tour durch Europa war er Propagandist der neuen Chemie Lavoisiers, mit dem er auch

Abbildung 26: Die Galerien des Palais Royal in Paris um 1800. »Conversations galantes entre prostituées et clients«. Federzeichnung, Aquarell. Bibliothèque Nationale de France

persönlich Kontakt hatte, als er ihm 1788 seine Apparatur zur Herstellung von »nicht brennbarer Luft« zur Begutachtung vorlegte.[22]

Launoy nannte sich zwar Naturalist, war aber vor allem ein Händler in Mineralien und Mineralwasser »au bureau des eaux minérales, *rue Plâtrière*« (seit 1791 *rue Jean-Jacques Rousseau)* in Paris. Er hat ausgedehnte Reisen in die Auvergne, nach Spanien und Deutschland unternommen, zum Teil im Auftrag des berühmten Kristallographen Romé-Delisle. Diese Reisetätigkeit lässt sich in Veröffentlichungen mineralogischer und geologischer Werke verschiedener Autoren von 1782 bis 1836 verfolgen. In einer Anzeige im *Journal des mines* bietet er ganze Mineralienkollektionen von 200 bis 400 Stück zu einem Preis zwischen 48 und 200 Fr. zum Kauf an, ein Reise-Set für Professoren und Studenten und zur Instruktion der Jugend. Da war seine Adresse »*rue de Thionville*, près *Pont-Neuf* No. 3«. Der deutsche Geologe Carl Caesar Leonhard bezeichnete ihn 1809 als einen vielen Sammlern und Liebhabern bekannten Mineralogen, der »bei seinen Geschäften mehr den Gewinn als einige Liebhaberei« berücksichtige. Leonhard hatte gut reden: Er war im Großherzogtum Frankfurt Kammerrat und Referent für die Bergwerke mit einem festem Gehalt.[23]

Der angekündigte »sichere und schnelle Aufstieg« blieb in der Produktion des Spielzeugs stecken. Bienvenu und Launoy gingen weiter ihren üblichen Geschäften nach, während die Welt von der französischen Revolution durchgeschüttelt wurde und mit Ballons den Luftkrieg führen lernte. Der *Citoyen* Launoy wird sich 1792 als Freiwilliger zur Verteidigung von Paris melden.

Bienvenu und Launoy gaben sich nicht einfach aus Unkenntnis optimistisch, sie witterten ein einträgliches Geschäft. Der Londoner Ingenieur William Henry Phillips zog 60 Jahre später noch ganz andere Register öffentlicher Propaganda, um seine Erfindung eines kleinen, von einer antiken Dampfmaschine angetrieben Hubschraubers in einer *Aerodiphros and Aerial Couriel Company* mit einem prospektierten Kapital von 500 000 Pfund zu verwerten:

> »Ein Prospekt zur Bildung einer Luftfahrt-Kompanie steht kurz vor der Veröffentlichung, dessen Planer Mr. W. H. Phillips vom Bloomsbury square ist, gleichzeitig Patentinhaber für eine Luftmaschine, die er »Aerodiphros« nennt und von der er sagt, dass sie dazu ausgelegt sei, 10 bis zwölf Personen oder ein vergleichbares Gewicht an Gepäck, von Dampfkraft angetrieben, befördern zu können, und die durchschnittliche Reisegeschwindigkeit sei 100 Meilen pro Stunde, die, wenn nötig, stark erhöht werden könne.
>
> Im Prospekt ist angegeben, dass der Patentinhaber die Möglichkeiten der Maschine im aktuellen Experiment ausgetestet hat, wenn es sich so verhält, dann ist er auf alle Fälle vor Mr. Henson auf dem Plan, und wir zweifeln nicht daran, dass er darauf vorbereitet ist, in eine solche Spekulation über die Praktikabilität seines Entwurfs einzutreten.
>
> Das nominale Kapital der Kompanie soll 500 000 Pfund sein, 5 000 Anteile à 100 Pfund, 2 500 Anteile für die Öffentlichkeit, 2 500 verbleiben im Besitz des Erfinders.
>
> Eine Anzahlung von einem Pfund pro Aktie muss bei Zuteilung geleistet werden – Ein Pfund zehn Tage nach der Ausstellung des ersten Modells – drei Pfund zehn Tage nach dem ersten Testflug eines zweiten Modells und zehn Pfund pro Aktie nach der Fertigstellung des ersten großen Wagens, der zehn bis zwölf Passagiere auf eine Reise von 1000 Meilen befördern kann. Die Personen, die sich der Kompanie anschließen, sind nicht zum Weitermachen verpflichtet, sondern können sich jederzeit unter Verlust der Anzahlung oder sonstiger Teilzahlungen zurückziehen.
>
> Wir gehen davon aus, dass der Tag der öffentlichen Ausstellung und des Aufstiegs des ersten Modells in Kürze festgelegt wird, da erst die Ermutigung durch die Öffentlichkeit den Erfolg der Kompanie sicherstellt.«[24]

Es ist ganz offensichtlich, dass Phillips mit seiner Kompanie auf ähnliche Weise an Geld kommen wollte wie schon kurz zuvor Henson und Stringfellow. Selbst die 1 000 Meilen Reichweite hatte Phillips von ihnen übernommen. Es riecht alles ein bisschen nach Betrug und Trittbrettfahrt, aber er hat seine Pläne nicht weiter verfolgt. Das Gelächter, das seinen Konkurrenten trotz eines bereits fertig gestellten großen Fluggerätes entgegengeschlagen war, hat ihn wohl eines Besseren belehrt. 1851 gewann er große Anerkennung mit einem tragbaren Feuerlöschgerät, das er in Anzeigen mit begeisterten Zuschriften der Marine andiente. Das war sein eigentliches Metier, für das er bereits 1840 geworben hatte:. »Smoky chimnies Cured at Once« (*The Times* 16.3.1840).

Der Dampfantrieb von Phillips' Modellhubschrauber basierte auf dem Prinzip des Heron von Alexandria aus dem 1. Jahrhundert nach Christus.

Das kleine, nur zwei Pfund schwere Aggregat entließ den Dampf durch Düsen direkt auf die Flügelarme des Propellers und setzte sie in Bewegung. So funktionieren Mühlen. Wie Phillips auf diese Weise 1 000 Meilen mit Passagieren fliegen wollte, war ihm wohl selbst ein Rätsel. Der Verbrauch an Wasser und Energie wäre enorm gewesen. Aber für einen kurzen Moment schien alles gut zu funktionieren. Das Maschinchen ging schneller in die Luft als ein Vogel, flog über zwei Felder und wurde mit gebrochenen Rotorenflügeln nach langer Suche gefunden. Da Phillips den Apparat auf der ersten Ausstellung der *Aeronautical Society* 1868 ausstellte, konnte sich Chanute auf Grund der Berichte zu ihm äußern. Lapidar konstatierte er:

> »Dies ist unzweifelhaft die erste Maschine, die durch Dampfkraft in die Höhe stieg; aber der notwendigerweise kleine Generator und die verschwenderische, aber simple Methode, Dampf zu nutzen, begrenzte seinen Flug auf sehr wenige Minuten und schied ihn von der Möglichkeit einer praktischen Anwendung aus.«[25]

Antoine-Fidelis Cossus wollte das Flugproblem mit drei Propellern lösen. Der größere mittlere war für den Auftrieb verantwortlich, die beiden verstellbaren äußeren sollten den Vortrieb besorgen. Angetrieben wurde mit einer Dampfmaschine. Der erfinderische, häufig seine Pariser Hotelwohnungen wechselnde Professor für Mathematik hat sich 1845 für dieses »Système d'aérostation par une série d'hélices« (Flugsystem durch eine Serie von Schrauben) ein Patent geben lassen, aber niemand hat je etwas von durchgeführten Experimenten gehört. Es wäre mit den zur Verfügung stehenden, noch viel zu schweren Dampfmaschinen nicht vom Boden hoch gekommen, wie Chanute zu diesem »unter keinen Umständen verdienstvollen Design« bemerkt. Cossus besaß auch, diesmal zusammen mit anderen, Patente für ein Steuerungssystem für Flugmaschinen, für einen hydraulischen Telegrafen, einen Kohlesäuremotor, einen kristallinen Wasserfilter, einen Apparat für Schmieröl und für eine Methode zur Extraktion von Ölen und fetten Stoffen. Da hieß er schon oder wieder Antonio Fidele und war in Sardinien, seiner wahrscheinlichen Heimat gelandet.

Alle bisher genannten Erfinder hatten sich nicht wirklich Gedanken darüber gemacht, wie die Wirkung der Propeller zustande kommt. Hauptsache war, die Flügel der Schraube in möglichst schnelle Umdrehung zu versetzen. Aber wie beeinflusste die Form der Rotoren den Auftrieb? Wie schraubten sich ihre Propeller in die Luft? Am wenigsten hatten diejenigen verstanden, die nicht den Flügelkopf der Schraube, sondern ihr schräges Gewinde zur Grundlage ihres Apparates genommen haben, wie der Comte de Lambertye mit seinem luftigen militärischen Beobachtungstand von 1818: die Schraube arbeitet wie eine archimedische Spirale als Wasserheber oder bohrt sich in die Luft wie in Holz und wirft den Abraum nach hinten aus. Chanute fand ihn keiner Erwähnung Wert. Bei Cossus stehen die Flügelschrauben mit unterschiedlichen Aufgaben so dicht, dass jede in der verwirbelten Luft der anderen rotiert. Bei Phillips verursacht der scharf ausströmende Dampf unvorherzusehende Turbulenzen. Bienvenu und Lenoy geben den beiden Flügeln die Form von leicht schräg gestellten Paddeln und George Cayley, der durch vor der Revolution fliehende Aristokraten in England ihren Apparat zu Gesicht bekommen hatte, symbolisiert in seinem Nachbau mit Einzelfedern Flügel, die zum Gleiten und Schlagen taugen und in der Natur nicht rotieren. Vielleicht ahnte er, was Wilbur Wright 1903 als erster formulierte: dass ein Propeller als ein in Flugrichtung rotierender Flügel zu verstehen ist.[26] Chanute hat versehentlich Cayleys Version als die von Bienvenu und Launoy abgebildet.

Es scheint so, dass 1859 Henry Bright der erste war, der eine gewisse Idee davon hatte, was ein rotierender Propeller mit der Luft anstellt. Er ordnete zwei zweiflügelige Propeller in geringem Abstand untereinander an und ließ sie gegenläufig rotieren. Er hatte mit dem wahrscheinlich durch Menschenkraft anzutreibenden Apparat vor, bei Ballonaufstiegen Gas zu sparen. Sein Gerät sollte unter dem Ballon aufgehängt werden. Abgesehen von dieser heute exzentrisch anmutenden Verwendung, war die Schraubenanordnung genial. Sie nahm den contra-rotierenden Hubschrauber vorweg, mit dem ein Torkeln bei nur in einer Richtung drehendem Propeller vermieden und ein größerer Auftrieb erzeugt werden kann.

Wer war nun dieser zum Urvater der Hubschrauber erklärte Henry Bright, dessen Name wie ein Etikett an seiner Erfindung klebt und der sonst keine Marken seines Lebens hinterlassen hat? Nach kriminalistischer Auswertung der wenigen vorhandenen Daten bin ich mir ziemlich sicher, welchem der vielen Henry Brights ein unter »daft«, verrückt, eingeordnetes Patent ausgestellt worden war. Die Spuren führen mitten in die noch jungen Werften für den Metall-Schiffbau in Middlesex / London.

Der Henry Bright, den ich meine, war Shipwright (Schiffbauer). Nach Lecornu »La Navigation aérienne« war Henry Bright Ingenieur, eine Bezeichnung, die damals jedem zugestanden wurde, der sich auf irgendeinem Feld mit Mechanik befasste. Geb. ca. 1835 in Newport / Monmouthshire, einem Hafen für walisische Kohle direkt gegenüber Bristol, wohnte er nach dem Census des United Kingdom von 1861 in London. Er hatte neben seinem Hubschrauberpatent 1860 noch ein zweites für »cutwater for ships« (einen Schutz für den Bug bei Unfällen) erhalten, und es ist auf Grund seines in den Patentanträgen angegebenen Wohnortes Middlesex durchaus möglich, dass er einer der zahlreichen kleinen Schiffbauunternehmer war, die in den *Millwall iron works* (Middlesex) gearbeitet haben. William Fairbairn, das spätere Mitglied der *Aeronautical Society* und seit 1854 Präsident der *Instituton of Mechanical Engineers*, war einer der beiden Initiatoren der Docks gewesen und hat dort mehr als 100 kleine Metallschiffe mit Dampfmaschine und Schraubenantrieb bauen lassen, vielleicht auch durch Henry Bright. Sie lieferten nach Dänemark, Russland und an die *Navy*. Der im Census ein Jahr nach dem zweiten Patentantrag angegebene Wohnort London könnte auch eine Beschäftigung im *Woolwich Dockyard* bedeuten und eine Beteiligung am Bau des Schraubendampfers *Great Eastern* in der Firma von *John Scott Russell & Co*. Russell war eher Wissenschaftler als erfolgreicher Unternehmer, er beschrieb die stehende Welle, die Änderung der Stromlinie von Schiffen nach

Widerstandskriterien und vieles andere mehr. Auch er käme als Partner für Bright in Frage.

Zehn Jahre später wurde Bright in Hampshire als »shipwright, civil service« erfasst. Er hatte zuerst in Southampton gewohnt, dann in Portsmouth, wo er 1867 nach Verlust von »businees and employment« eine Anstellung als Manager der *Southsea Clarence Esplanade Pier Company, (limited)* und der *Landport and Southsea Tramways Company* gefunden hat (*The Edinburgh Gazette*, December 6, 1867). Diese Betriebe hatten sich um eine Straßenbahnlinie zu kümmern, die in Southsea, einem Stadtteil von Portsmouth, an den Hafen führte. Über ihr thronte der Bahnhof. Henry Bright muss in der Finanzkrise der »Panic of 1866«, als neben vielen Eisenbahngesellschaften auch die *Millwall iron works* durch Zusammenbruch der Holding praktisch lahmgelegt waren, ohne Arbeit und froh gewesen sein, wenigstens diesen Job ergattert zu haben. Wahrscheinlich ist er vor 1881 gestorben oder ausgewandert, denn im Census taucht er nicht mehr auf.

Die als luftiges Kinderspielzeug geborene Schraube hat erst nach Abtauchen ins Wasser ihre technische und ökonomische Potenz entfaltet. Seit den 1840er Jahren war klar, dass sie dem Raddampferantrieb in Energieausbeute und Geschwindigkeit weit überlegen war. Die Admiralität wusste es zu schätzen, dass an die Stelle des Schaufelrades Kanonen plaziert werden konnten, und dass die unter Wasser versteckte Schraube viel geringere Angriffsmöglichkeiten bot. Es ist daher nicht verwunderlich, dass sich auffallend viele Leute, die mit Schifffahrt und Marine zu tun hatten, in Experimenten um ein Verständnis der Wirkungsweise der Propeller gekümmert haben. Bright hatte in England einen Anfang gemacht, aber der nächste Schub kam aus Frankreich. Dabei ging es nicht mehr nur um den Auftrieb, sondern vor allem um den Vortrieb, der mit einem Propeller erzeugt werden kann. Das interessierte auch diejenigen, die an der Lenkbarkeit von Ballons arbeiteten.

Das war die Mehrheit, und viele waren Militärs wie der Professor für Mathematik an der Marineschule im Arsenal von Cherbourg und Mitglied in der *Société d'encouragement de locomotion aérienne* Nadars, Louis-Alexandre Pillet. Er machte seit 1845 seine Schraubenversuche zusammen mit dem Uhrmacher Pierre Jullien aus Villejuif, einem südlichen Vorort von Paris, mit einem kleinen, an einem Seil angebrachten Wagen, dann mit einem zigarrenförmigen Modellballon, deren Propeller von einem Uhrwerk oder einem Gummimotor angetrieben wurden. Als günstigste erwies sich die konkavkonvexe Form, so wie beim idealen Flügel. Jullien, der beratungsresistente Uhrmacher im Gespräch mit de la Landelle, führte sein sieben Meter langes propellergetriebenes Modellluftschiff (ballon-poisson, Ballonfisch) 1850 im Amphitheater des Hippodrom von Paris vor und steuerte es erfolgreich gegen starken Wind. Solche Versuche machten klar, dass Vortrieb und Auftrieb zwei Seiten einer Medaille sind, und bereiteten den Gebrauch von Propellern in Luftschiffen und Flugzeugen vor. Der eine elende Existenz fristende Jullien wurde enttäuscht. Man gab ihm keine finanziellen Mittel, um einen größeren Apparat zu bauen, auch nicht für einen später von ihm entwickelten batteriegetriebenen Elektromotor. Er starb 1877 verarmt in einem Hospital.[27]

Die Schmach der Niederlage Frankreichs im Krieg gegen Deutschland hat Leute auf den Plan gerufen, die sich bisher nicht mit der Konstruktion von Flugapparaten befasst haben. Zu ihnen zählt Emmanuel Renoir aus Paris. Er war »Chef de station des lignes de télégraph« und hatte 1868 ein Patent für ein spezielles Signal erhalten, das auf zwei Telegrafenlinien gleichzeitig verschickt werden konnte. Die Erfahrung der Belagerung von Paris, als alle Telegrafenlinien gekappt worden waren und die Kommunikation der Hauptstadt mit dem Rest des Landes nahezu unmöglich geworden war, ließ ihn und andere auf Abhilfe sinnen. 1882 beschrieb sein Chef, der Generaldirektor für Post und Telegrafie, F.F. Steenacker in allen Einzelheiten, mit welchen Schwierigkeiten die Kommunikation verbunden war, beklagte den Mangel an geschulten Brieftauben, von denen nur jede zwanzigste ihr Ziel erreichte, und die Versuche mit Ballons, die, gefährlichen Winden ausgesetzt, auf die feindlichen Linien zutrieben. Bei diesen Aufstiegen waren auch zwei Beschäftigte des Telegrafenamtes dabei. Nadar engagierte sich bei der Entwicklung eines Verfahrens der Mikroverfilmung, um auch längere Nachrichten in winzigen Kapseln durch Brieftauben übermitteln zu können[28] (Abbildung 27, S. 54). In den verzweifelten Versuchen, das belagerte Paris nicht völlig seinem Schicksal zu überlassen, spielten die 30 von Marinesoldaten gesteuerten Ballons eine wichtige Rolle. Obwohl die Matrosen keine spezielle Ausbildung als Ballonfahrer genossen hatten, verunglückten nur zwei ihren Ballons, während die Verlustrate der anderen bedeutend höher lag. Sie hatten ihre Erfahrung in der Navigation bei widrigen Winden auf die wie eine Boje im Luftmeer treibenden Ballons anwenden können. Das ist einer der Gründe, warum danach die Entwicklung lenkbarer Ballons von den französischen Militärs der Marine zugeordnet wurde.

Renoir schlug 1872 nach Studium der Ergebnisse von Pillet aus Cherbourg für den Propeller eine Lösung vor, die Verluste durch Zentrifugalkräfte verringerte: er verpackte den fünf Meter im Durchmesser großen Propeller in einer Art Halskrause. Damit konnten 75 kg Gewicht pro Pferdestärke im Fahrradbetrieb gehoben werden. Obwohl er vor allem in den 70er Jahren noch weitere Beiträge in *L'Aéronaute* zu seinen Experimenten mit Helikoptern geliefert hat, wurde er erst 1885 assoziiertes Mitglied in der *Société de navigation aérienne* und machte dann auch Versuche mit Drachen.[29]

Auch in der Provinz beflügelten Revanchegelüste die Beschäftigung mit Fluggeräten. Pomès & Alfred de la Pauze erhielten noch während der Belagerung von Paris am 1.3.1871 ein Patent auf einen kleinen Helikopter, der mit »poudre de guerre ou de chasse, fulmi-coton, picrate, etc.« (Kriegs- oder Jagdpulver, Schießbaumwolle, dem neuen Explosivstoff Pikrinsäure etc.) betrieben werden sollte und dessen senkrecht gestellte Paddel den völlig abwegigen Vergleich mit Ruderbewegungen im Wasser belegen. Er ist sehr wahrscheinlich nie gebaut worden.[30] Die Beiden waren offensichtlich keine Ingenieure, hatten die bisherigen experimentellen Ergebnisse vorteilhafter Propellerformen nicht zur Kenntnis genommen und keine Vorstellung davon, wie Auftrieb zustande kommt.

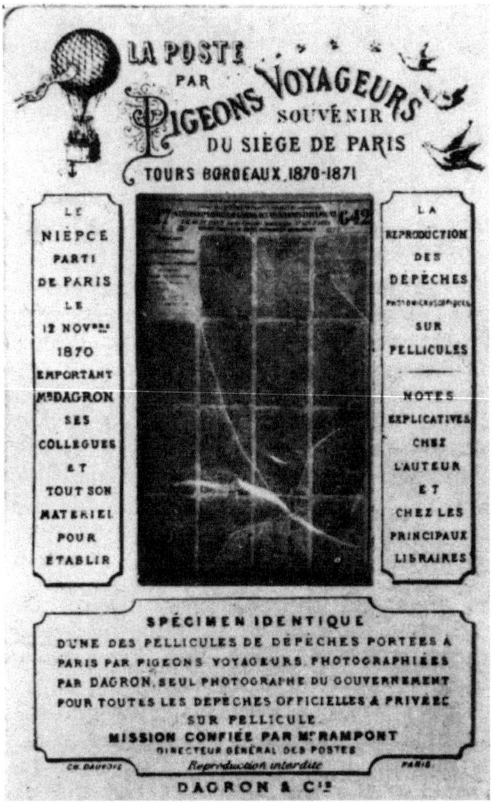

Abbildung 27: Brieftaubenpost mit Hilfe mikrofotografischer Kapseln und Ballon während der Belagerung von Paris 1870/71. Der »einzige Fotograf der Regierung für alle offiziellen und privaten Depeschen«, René-Patrice Dagron, war mit seinen Mitarbeitern mit dem Ballon *Le Niepce* am 11. November 1870 in Paris aufgestiegen, um einen regelmäßigen Postdienst in Clermont-Ferrand zu installieren. Der zur gleichen Zeit gestartete Ballon *Daguerre* wurde von den Preußen nur wenige Kilometer hinter Paris abgeschossen, der *Niepce* nach Landung bei Vitry-le-François zwischen Reims und Troyes von ihnen gekapert. Die Ballonfahrer konnten entkommen. 50 000 mikrofotografische Depeschen wogen gerade mal ein Gramm und wurden am Schwanz der Taube »in einer Röhre aus Federn« angebracht. Dagron, La Poste par Pigeons Voyageurs - Notice sur le voyage du ballon *Le Niepce* emportant M. Dagron et ses collaborateurs et détails sur la mission qu'ils avaient à remplir, Tours-Bordeaux 1870-1871

Sie kamen aus der Gegend um Bordeaux, und ihre Identifizierung enthüllt eine Geschichte, wie sie verrückter nicht sein kann. Es gibt in allen zugänglichen Doumenten nur einen Alfred de la Pauze. Er war »clergé catholique séculier«, Weltgeistlicher, und hieß mit vollem Namen Jacque-Marie-Alfred Plantavit de la Pauze aus der kleinen Kommune Saint-Genès de Castillon, rund 40 km östlich von Bordeaux.[31] De la Pauze ist sehr alter gascognischer Adel. Sein Partner Isidore Pomès stammte aus Bordeaux und wohnte in der *rue de*

Cheverus, einer erzkatholischen Straße, in der die Kirche *Sacré Coeur* gerade im Bau und von der *Marseillaise* der Gegendemonstranten beschallt war. Er war Kirchenfenstermaler und hat 1874 auch für Philippe-Marie-Joseph de Carayon-Latour im *Château de Virelade* 25 km von Bordeaux Kirchenfenster gemalt. Carayon-Latour gehörte zum reaktionärsten Flügel der katholischen Monarchisten, ein ultramontaner Landadliger, Absolvent der *École Polytechnique*, der am 8.2.1871, noch während der Belagerung von Paris, in die Nationalversammlung als Repräsentant der *Gironde* gewählt wurde. Er hatte im Krieg als Oberstleutnant das mobile Bataillon der *Gironde* geführt und nach dem Krieg gegen alles gestimmt, was nicht der Wiedereinführung der Monarchie und den Interessen der katholischen Kirche entsprach.

Auf dieser Linie lagen auch die beiden Entwickler eines mit Hochdruckdampf betriebenen Fluggerätes von 1857 und 1876, der Marineoffizier und Fregattenkapitän Félix du Temple de la Croix und sein Bruder Jean Louis Antoine, ebenfalls Marineoffizier. Félix, ein alter Haudegen des Krimkrieges und der Kriege in Italien und Mexiko, Jean Louis auch noch in der Karibik, in Nordafrika, der Türkei, Spanien und Portugal. Félix verkündete in seinem Wahlprogramm von 1871: »Ich möchte ein arbeitsames und frommes Volk formen, nicht ein Volk der Cabarets und verdorbener Orte. Ich glaube an die von der Monarchie repräsentierte Wahrheit, die die Größe Frankreichs ausmacht«. Er verkaufte die von ihm entwickelte Dampfmaschine an die Marine, die ihre ersten Torpedoboote damit ausrüstete, während Bruder Jean Louis auf eigene Kosten die *École des mécaniciens* in Brest ins Leben rief. Sie hatten ihre Werkstatt im alten Arsenal von Cherbourg, dem Wirkungsort des schon genannten Professor für Mathematik an der dortigen Marineschule, Pillet.

In solchen erzreaktionären Kreisen bewegten sich Pomès und de la Pauze. Zu ihnen stieß der englische Monsignor Thomas John Capel, der sich aus gesundheitlichen Gründen von 1860 bis 1868 in Frankreich aufhielt, die englische katholische Mission in Pau in der Gascogne nur 30 km von Lourdes gründete, von den reichhaltigen Heilquellen profitierte und zu einem genießerischen Weintrinker mutierte. Er hat den jetzt Reverend genannten Alfred de la Pauze mit nach England genommen, wo Capel 1874 Rektor des von ihm gegründeten *Catholic University College* in Kensington/London wurde und in der feinen Umgebung der *Chancery Lane* wohnte. Das College musste nach seiner miserablen Führung 1878 wieder schließen und war am 1.6.1880 endgültig bankrott. Sein Privatvermögen wurde versteigert, darunter »thirty dozen of wine«. Dazu kam noch ein Untersuchungsverfahren seiner Gemeinde wegen angeblichen Geschlechtsverkehrs mit drei Frauen und Kontakten zu einer homosexuellen Clique. Erst nach einer Anhörung durch Papst Leo XIII. wurde Capel freigesprochen.

Da haben Monsignor Capel und Reverend de la Pauze wieder ans Fliegen gedacht und sich vielleicht in Weinlaune 1881 ein Patent für einen Flugapparat geben lassen. Denn ihr Patentantrag ohne Zeichnung ist nur die sehr vage Beschreibung einer Idee eines mit leichten Materialien gebauten und von irgendeiner Maschine in Bewegung gesetzten Gefährts auf Rädern, auf dem für Start, Landung und Horizontalflug verstellbare und von Propellern irgendwie angeblasene Ebenen befestigt war. Dass so etwas als Patentantrag durchging, ist erstaunlich.[32]

Der in Frankreich gebliebene Pomès hat alleine oder mit seinem ebenfalls Kirchenfenster malenden Bruder weiter gemacht. Sie patentierten 1878 einen handgetriebenen Flugapparat mit senkrechter Schwanzflosse, zwei horizontalen Ebenen und je einem Propeller am vorderen und hinteren Ende einer Stange. Chanute hat kein gutes Haar an ihm gelassen.[33] Die Brüder haben 12 Jahre später eine Note an die *Académie des Sciences* gerichtet, in der sie ihre Erfahrungen zusammengefasst haben (»Sur *des expériences ayant trait à la locomotion aérienne«*). Sie wurde an die »Commission des Aérostats« übergeben und ward nie wieder gesehen.[34] Es ist durchaus möglich, dass sie bei ihrem Vorstoß Hilfe von einem der anderen Pomès der Region erhalten haben, die mit Erfindungen eines hydraulischen und eines Apparats zur Destillation von Cognac, mit Eintreten für den Ausbau des Canal Alaric in den Pyrenäen oder mit Spezialkenntnissen über Flechten auf sich aufmerksam gemacht haben. Einige waren große Weinproduzenten und wahrscheinlich Lieferanten für Monsignor Capel in London.

Pomès und de la Pauze waren von der Öffentlichkeit und selbst von den an der Lösung des Flugproblems Interessierten nicht wahrgenommen worden. Weitab im Südwesten Frankreichs, dessen Rhythmus von Wein- und Olivenernte geprägt war, waren sie genau die versponnenen Träumer, von denen sich Chanute keine Impulse mehr versprach. Die Regierung in Paris zog seit 1875 ihre eigenen Konsequenzen aus den Erfahrungen der Belagerung und förderte nun mit erheblichen Mitteln den Bau lenkbarer Ballons. Gaston Tissandier:«Es mussten uns erst die Preußen vernichtend schlagen, damit wir aus unserer Starre herauskommen; es musste erst die erste Metropole der Welt von unzähligen Legionen moderner Barbaren eingeschlossen, eingekreist und blockiert werden, bis man endlich merkt, dass es sich sehr wohl lohnt, die Ballons aufzublasen«.[35]

Hauptmann Charles Renard gründete eine militärische Versuchsanstalt in Chalais-Meudon westlich von Paris. Renard war allerdings schon damals der Überzeugung, dass die Zukunft nicht den Ballons, sondern den Fluggeräten schwerer als Luft gehörten, vermied es aber tunlichst, die Militärverwaltung vor den Kopf zu stoßen. Der Ballon war ein Symbol nationaler Größe und französischen Erfindergeistes, der sich 101 Jahre nach den Montgolfiers mit der ersten, knapp halbstündigen Fahrt eines durch Elektromotor propellergetriebenen, langgestreckten lenkbaren Ballons zu bestätigen schien, der dort landete, von wo er gestartet war. Aber die Propeller, die für den Flug schwerer als Luft so wichtig werden sollten, waren trotz Tests und theoretischen Überlegungen Renards nicht gut genug, wie der amerikanische Erfinder Hiram Stevens Maxim 1891 nach Experimenten mit rund 50 Propellertypen gegenüber Chanute erklärte: »Die Schraube, die das schlechteste Resultat ergab, war genau die, welche in den Experimenten der französischen Regierung zum Einsatz gekommen war« (S. 71). Zur gleichen Zeit nannte der multipotente Erfinder Gustave Trouvé in einer *Mémoire* für die *Académie des Sciences* seinen Ornithopter »Hélicoptère Électrique Militaire Captif«, etwa »gefesselter elektrischer Militärhubschrauber«, um finanzielle Mittel vom Kriegsministeriums zu bekommen.[36]

Es mehren sich nicht nur in Frankreich die Stimmen, die Fluggeräte vor allem den Militärs schmackhaft machen wollen. Der besagte Maxim, ein ehemaliger Kutschen- und Instrumentenbauer aus dem US-Bundesstaat Maine, gehörte zu ihnen. Als er 1880 als Chefingenieur im Auftrag der *First Electric Lightning Company* in Europa weilte, soll ein Fremder Maxim der selbstgestrickten Legende nach während einer Industriemesse auf die Idee eines selbst ladenden Maschinengewehrs gebracht haben: »Erfinde eine Todesmaschine, irgendetwas, das diese Europäer befähigt, sich die Kehlen noch besser durchzuschneiden – das ist es, was sie wollen!«[37] Er war mit der an 20 Staaten verkauften Tötungsmaschine so reich geworden, dass er sich den Luxus der Entwicklung eines Fluggerätes »für militärische Zwecke« erlauben konnte, das er in einem Brief an die *New York Times* im November 1890 ankündigte und nach seiner Rückkehr in die USA 1891 gegenüber verschiedenen Zeitungsreportern »first kite of war«, erster Kriegsdrachen, nannte. Maxim bereitete sich mit einem gigantischen Modell auf den Flug schwerer als Luft vor, der von den Propellern nicht nur Steuerung und Vortrieb, sondern auch die Sicherstellung des Auftriebs verlangte (Abbildung 28).

Abbildung 28: Hiram Stevens Maxim und seine Testmaschine. Aus: J. Lecornu, La Navigation Aérienne. Paris 1903

In Deutschland wehrte sich Otto Lilienthal 1894 gegen den in der Presse lancierten Verdacht, er habe vom Kaiser 50000 Reichsmark für die Fortführung seiner Gleitversuche bekommen. Das sei nicht richtig, schrieb er am 18.6.1894 an Emile Veyrin, der in *L'Aéronaute* ausführlich über Lilienthals Flüge berichtet hatte. Das Geld sei ausschließlich dem *Deutschen Verein zur Förderung der Luftschiffahrt* zugute gekommen und für wissenschaftliche Ballonfahrten bestimmt.[38] Lilienthal war Mitglied dieses 1881 gegründeten Vereins, in dem sich viele preußische Offiziere nach den Erfahrungen der Belagerung von Paris aus patriotischer Gesinnung zusammengefunden hatten. Ganz von ungefähr war der Verdacht also nicht geäußert worden. Eines der Mitglieder, Hermann Moedebeck, schrieb seine Erinnerungen 1906 in nationalem Überschwang mit dem aufschlussreichen Titel »Die Luftschiffahrt. Ihre Vergangenheit und ihre Zukunft, insbesondere das Luftschiff im Verkehr und im Kriege«. Seit 1887 hatte auch Preußen sein Luftschifferbataillon und bildete eine große Zahl von Militärbeobachtern aus, und die Reichsbahn gewährte für den Transport der Ballons der Sportvereine den billigeren Militärtarif, mit dem Hintergedanken, im Kriegsfall durch die versteckte Förderung dann möglichst viele Ballons requirieren zu können.

Noch konnten die Militärs nichts mit den wackeligen Flugzeugkonstruktionen anfangen oder sich einen Erfolg in der Zukunft vorstellen. Die meisten der Flugbegeisterten blieben ohne militärische Hintergedanken und ohne dumpfe Tötungsabsichten an der technischen Lösung interessiert, so wie Lilienthal, oder erfüllten mit Humor Kinderträume, wie François Dandrieux in Paris. Er verkaufte seit 1879 vergoldete Spielzeughelikopter und Schlagflügelapparate mit Gummimotor, darunter einen Helikopter, der wie eine Biene, einen anderen, der wie eine Libelle aussah, und als witzigsten einen »hélicoptère avocat«, der mit ausgebreiteten Armen in seiner Robe breitbeinig auf Waagschalen das juristische Gleichgewicht zu halten suchte.[39] De la Landelle berichtete später, dass die kleinen Helikopter Dandrieux's bis zu 25 Sekunden still in der Luft standen. Dass alles nicht nur Spielerei war, hat Dandrieux durch seine Zusammenarbeit mit Gaston Biot beim Bau seines Gleitflugapparates und in Versuchen mit Drachen bewiesen. Er hat im Auftrag des polnischen Adligen Stéphane Drzewiecki (1844-1938), der seit 1877 für die russische und später für die französische Marine U-Boote entwickelte, ein Modell mit starren Flügeln gebaut, mit dem dieser ihre Untauglichkeit demonstrieren wollte, und er hat sich für Insekten- und Fledermausflug interessiert, aber sein mit strampelten Füßen angetriebene Apparat, der den Flug einer Fliege simulieren sollte, hob nicht ab.

Flattern oder Segeln? Beobachter des Vogelflugs

Wie Fliegen zu fliegen ging wohl nicht. Allmählich gewann die Vorstellung Oberhand, dass es die Form des Flügels sein musste, die den Auftrieb erzeugt, und dass das Flügelschlagen bei den meisten großen Vögeln nur bei Start und Landung und zur Richtungsänderung eine wesentliche Rolle spielt. Der Albatros mit seinem stundenlangen ruhigen Segelflug führte vor, was noch nicht verstanden war.

Einer der ersten, der den Vogelflug sehr genau mit dem Ziel einer mechanischen Umsetzung studierte, war der von Nadar zitierte Großgrundbesitzer und Bankier Ferdinand-Charles-Philippe, Comte d'Esterno (1805-83). Er beschrieb 1864 das Flugverhalten großer Vögel vor allem unter dem Gesichtspunkt des Gleichgewichts, weshalb sich Chanute ausführlich mit ihm auseindersetzte (Du vol des oiseaux: Indication des sept lois du vol ramé et des huit lois du vol à voile). Er betrachtete ihn als den ersten, der einen reinen Segelflug für möglich hielt und zugleich als ein Opfer einer Öffentlichkeit, die Leute wie ihn als Spinner bezeichneten. D'Esterno legte diese Beschäftigung nach seinem Patent auf einen Segelflugapparat auf Eis und hat sie zu spät erst in seinem letzten Lebensjahr und nach der demütigenden Niederlage Frankreichs 1871 in einem Arrangement mit dem unter Ballonfahrern wohlbekannten Konstrukteur wissenschaftlicher Instrumente, Claude Jobert, zum Bau eines Segelflugzeugs wieder aufgenommen.[40]

D'Esternos Beobachtungen sind von faszinierender Präzision und räumen mit einer ganzen Reihe von Mythen auf, die sich unter Physikern und Praktikern breit gemacht hatten: Der Kraftaufwand ist um ein Vielfaches geringer als von Borelli, Bernoulli und Navier kolportiert. Beim Segelflug finden nur minimale Korrekturen durch Verlagerung des Gleichgewichts und Spreizen einiger Schwungfedern statt. Beim nach oben gerichteten Flügelschlag wird niemals die geschlossene Flügeldecke durch Auseintreten der Federn und zur Erleichterung des Aufschlags durchlässig gemacht. Für einen Vogel ist es viel weniger kraftaufwendig, schnell zu fliegen, als in der Luft mit rüttelnden Bewegungen der Flügel still zu stehen, wie das bei einigen Vögeln (z.B. Mäusebussard, Turmfalke, Möwe) beobachtet werden kann.

D'Esterno war ein nostalgischer Anhänger Napoleons und konnte es sich nicht verkneifen, in dieser Studie des Vogelfluges seitenlange Überlegungen darüber anzustellen, ob 1814 die Kapitulation von Paris und 1815 die Niederlage bei Waterloo durch Einsatz von Kurierflugzeugen und einigen hundert Bombern (!), die sogar die Reservetruppen hinter den Linien ausgeschaltet hätten, nicht vermieden worden wäre. So generalstabsmäßig hatte noch niemand den Luftkrieg phantasiert, ein klarsichtiger Vogel, der die Verwendung der Flugzeuge eher für zerstörerische als für ökonomische Zwecke erwartete. Und doch war d'Esterno in erster Linie ein Banker mit sozialer Ader und Projekten zur Entwicklung der Industrie auch abseits der Metropole, kümmerte sich um den Eisenbahnbau nach Westen und hatte 1839 in Dijon federführend eine Bank mitbegründet. Einen Preis der *Académie* von 5000 Francs für die beste Arbeit über »la misère« hielt das Mitglied der *Société d'Économie Politique* für geschmacklos. Als Landbesitzer in Lavesvre bei Autun, *Château de Vesore*, achtete er auf den Erhalt historischer Gebäude und eröffnete 1876 im *Journal de l'agriculture* eine Kampagne gegen menschenfressende Wölfe in Frankreich.

Eine direkte Umsetzung der Vogelbeobachtung in den Flugzeugbau barg große Probleme, wie schon beim Albatros von Le Bris zu sehen war. Die Stabilität, die die gleitenden Vögel scheinbar leicht erreichten, basierte auf einer ständigen Feinabstimmung mit Hilfe einzelner Federn, durch Anpassung der Flügelwölbung und des Anstellwinkels an den erforderlichen Auftrieb, durch Spreizung, Hebung und Senkung der Schwanzfedern zur Längsstabilisierung und Verlagerung des Schwerpunktes durch die Flügelstellung. Eine solche intuitive Regulierung bei sich ständig ändernden Luftströmungen ist mit mechanischen Mitteln kaum vorstellbar. Der »Magier der angewandten Wissenschaften« Thomas Alva Edison hat entsprechende Zweifel in einem Interview des *New York Herald* 1880 in nicht zu widerlegenden Vergleichen ausgedrückt. Man solle nicht versuchen, die Natur des Fluges allzu sklavisch nachzuahmen. Sein Phonograph habe nichts mit dem Kehlkopf und seine Hörer nichts mit den Ohren gemein.[41] Edison hatte sich eine zeitlang mit Propellerversuchen beschäftigt und das Modell eines Ornithopters skizziert. Andere, wie die seit 1890 regelmäßig miteinander korrespondierenden Mouillard und Chanute, warnten vor übereilten und ungesicherten Luftsprüngen und empfahlen Wassserlandung. Mouillard hat dann mit seinem Buch über den Flug der Vögel sehr viel dazu beigetragen, dass sich die weitere Entwicklung von Fluggeräten auf den Segelflug konzentrierte und die flügelschlagenden Ornithopter als instabile Ungetüme an den Rand gedrängt wurden.[42]

Louis Pierre-Marie Mouillard (1834-97) stammte aus Lyon, wo er sich an der *École des Beaux Arts* und später im Atelier von Ingres in Paris zum Maler ausbilden ließ. Nach dem Tod seines Vaters wurde er wie dieser Händler mit Seidenstoffen und kümmerte sich von 1856 bis 1867 um die Geschäftsfiliale in Algerien. Vielleicht hat er Nadar mit Lyoner Seide für seinen *Géant* beliefert. Schließlich gelang es ihm mit Hilfe seiner Jugendfreundes Alphonse Daudet Zeichenlehrer an der *École Polytechnique* in Kairo zu werden, gerade als der Suezkanal eröffnet wurde. Dort machte er die Mehrzahl seiner genauen Beobachtungen des Vogelflugs und war begeistert von den Segelflugleistungen der Geier, die er mit denen vieler anderer Vogelarten verglich. So war ihm aufgefallen, dass gute Segler einen kleinen Schwanz haben wie Albatros, Ente, Reiher, Pelikan oder Möwe, der im Wesentlichen zur Steuerung und Balance dient. Nach Experimenten mit einem Sturmvogel, einem besonders guten Segler, der jedoch ohne einen Anlauf von nahezu 100 Metern nicht abheben konnte, formulierte er einen für den Flugzeugbau entscheidenden Satz: »Pas de vitesse, pas de vol« (ohne Geschwindigkeit kein Flug). Er schrieb so begeistert über den Vogelflug, dass er den eigentlichen Ballonfahrer Albert Bazin (1854-1923) ansteckte, als der ihn 1882 in Kairo besuchte. Auch er gehörte wie Mouillard zu einer Händlerfamilie, die von Marseille aus mit Kaperschiffen in die Levante unterwegs war. Chanute berichtet von seinen Drachen mit Schwanzflossen. Bazin wird erst in den späten 90er Jahren mit einer Theorie des Segelfluges an die Öffentlichkeit treten (*L'Aéronaute* 1899/02).

Als Mouillard von August 1881 bis Sommer 1882 zur Herausgabe seines »L'Empire de l'Air« in Paris weilte, traf er die beiden Flugapparatebauer Clément Ader und Gaston Biot, die aus seinen Beobachtungen Rückschlüsse für den Bau von Flugapparaten ziehen werden. Der erfolgreiche Ingenieur und multipotente Erfinder Ader, den Chanute wegen seines patriotischen Geheimhaltungswahns naserümpfend kritisiert, hatte während der Pariser Belagerung Ballons gebaut und danach vergeblich mit Ornithoptern experimentiert. Er wird 1891 auf der Suche nach Geiern in Algerien als Araber verkleidet mit zwei einheimischen Führern ins Landesinnere aufbrechen, wo er die Beobachtungen Mouillards bestätigt fand. Die Geier würden zum Abheben höchstens zwei- oder dreimal mit den Flügeln schlagen und dann starr ausgebreitet mit leichten Anpassungen an die Windverhältnisse ihre Kreise ziehen. Der folgende unter strenger Geheimhaltung in einem abgezäunten Park des Bankiers und Rothschildkonkurrenten Eugène Pereire gebaute Flugapparat sah dann aus wie ein schwanzloser Geier mit starren Flügeln und einem Propeller. Das will ein im angrenzenden Wald jagender Redakteur der Zeitschrift *Illustration* herausgefunden haben (20.6.1891). Chanute bezweifelte seine Tauglichkeit vor allem wegen des nicht gelösten Gleichgewichtsproblems und vermutete zahllose Unfälle. Das Gerät würde mit ihrer Flügelspannweite von rund 18 Metern bei jedem Windstoß ins Torkeln geraten. Lilienthals Segelflugapparat hatte nur die Hälfte der Spannweite und war schon bei Windgeschwindigkeiten von 23 Meilen unsicher (Chanute, S. 214). In diesem prinzipiell noch unverstandenen Stadium der Entwicklung war Geheimhaltung auch für den Konstrukteur kein Weg zum Ruhm, sondern eher eine Garantie für unkontrollierten Flug oder Absturz. Die Gebrüder Wright, die nach ihrem schwächlichen Flug über ein halbes Fußballfeld patentwütig und zugeknöpft geworden waren, obwohl sie selbst von den Ergebnissen Anderer profitiert hatten, mussten erkennen, dass sie sich mit ihrer Geheimhaltung selbst schadeten und die aus dem Boden sprießenden besseren Flugzeugmodelle nicht verhindern konnten.

Der 1842 geborene Gaston Biot war anders gestrickt und hat nie Patente beantragt. Er war Kassierer bei Alfred Belvalette, einem berühmten Wagenfabrikanten auf den *Champs Élysées*, Ballonfahrer und Falkner in Berck-sur-mer bei Calais. Biots Jugendfreund war der Erfinder des Fahrradpedals Ernest Michaux, der jetzt in Paris Fahrräder und Wagen produzierte. 1869 wurde Biot mit seiner Bewältigung der Strecke Paris-Rouen und zurück (230 km) in zwei Tagen als »Barbe-Bleue« (blauer Komet) berühmt, als sei er mit seinem am Vorderrad getretenen Vélocipède durchs All geflogen. Da hatte er gerade den ersten Drachen mit seinem Freund François Dandrieux konstruiert, dem späteren geschickten Bastler von phantasievollen Spielzeughelikoptern, mit dem er noch viele Fluggeräte bauen wird.

Die Tragik Biots liegt in seinem Schweigen und in seiner Mittellosigkeit. Durch sein Schweigen wissen wir von ihm nur, was andere über ihn und seine Fluggeräte sagten, durch seine Mittellosigkeit musste er die Bezeichnung seiner Flieger mit einem Namensgeber teilen, der selbst nie als Konstrukteur involviert und wahrscheinlich nur als Geldgeber für einen einzigen der drei von Biot gebauten Apparate in Erscheinung getreten war, nachdem die *Société française de navigation aérienne* eine Finanzierung aus vorgeschobenen Gründen abgelehnt hat. Kein Museum der Welt, keine Geschichte der Luftfahrt weiß mit dem Comte de Massia etwas anzufangen, der aus den Segelfliegern Biots Massia-Biot-Glider gemacht hat. Es handelt sich bei ihm, dessen bin ich mir sicher, um den Comte Edouard de Massia, einen großen Weinproduzenten aus Bézier, und sein Auftauchen hängt eng mit dem Aufenthalt Mouillards in Paris und die Namensgebung, gelinde gesprochen, mit einem Dünkel der tonangebenden Mitglieder der *Société française de navigation aérienne* zusammen.

Aber der Reihe nach. Biot hat drei Segelflugapparate gebaut:

- 1879 den ersten, der von seinem Arbeitgeber Belvalette 1925 an das *Musée de l'Air* in Chalais-Meudon übergeben wurde. Belvalette hatte ihn die ganzen Jahre in einer Halle seiner Wagenfabrik aufbewahrt und berichtet, dass Biot mit diesem mit Vogelfedernachbildungen bedeckten Gerät in den Steinbrüchen von Calmart südwestlich von Paris Flugversuche unternommen hat. Belavalette hatte nie etwas von Comte de Massia gehört (Abbildung 29).
- Im Januar 1881 stellten Biot und Dandrieux der *Société française de navigation aérienne* das Projekt eines neuen Fluggerätes vor. Sie wurden aufgefordert, sich zunächst auf die Flügel zu konzentrieren, die jetzt glatt bespannt waren. Davon existiert nur noch eine Fotografie. Sie zeigt ungefähr die Silhouette eines Bussards, und der Pilot ragt mit seinem Oberkörper über die Flügelebene hinaus (Abbildung 30). Dies ist wahrscheinlich der Apparat, den Mouillard bei seinem Aufenthalt in Paris vom Sommer 1881 bis Sommer 1882 wegen dieser ungewöhnlichen Pilotenposition unter großen Ängsten geflogen hat und den er in einem Brief an Chanute vom 3.2.1894 »Massia airplane« nannte. Er wurde jedoch von Biot und Dandrieux gebaut, wie im *L'Aéronaute* vom April 1881 dokumentiert. Biot geriet dabei in Geldschwierigkeiten *(L'Aéronaute* 1882/12, Sitzung vom 9.11.1882) und versuchte mit Hilfe des Mechanikers Claude Jobert, die *Société* zur Finanzierung seines Projektes zu bewegen. Das wurde vom Präsidenten Hureau de Villeneuve abgelehnt und zur Privatsache erklärt, da die *Société* für dieses Projekt kein Mandat erteilt habe. Es war eine fadenscheinige Begründung, denn Biot und Dandrieux waren ja in einer Mitgliederversammlung aufgefordert worden, sich auf den Bau der Flügel zu konzentrieren. Jedenfalls hat diese Entscheidung seinem adligen Freund Comte de Massia den Einstieg in das Projekt ermöglicht und dessen Namen mit ihm verbunden. Der vor den Kopf gestoßene Gaston Biot war ein ausgewiesener Experimentator, der ein hohes persönliches und finanzielles Risiko eingegangen war, und seit 1880 immerhin assoziiertes Mitglied in der *Société française de navigation aérienne*.

– Der dritte Segler Biots entstand 1887 und war gegenüber den beiden Vorgängermodellen nicht wiederzuerkennen: Ein filigranes Gestell mit Flügeln und Schwanz von nur 25 kg Gewicht, die vom jetzt unter den Flügeln mit Hilfe von zwei Stangen und Ringen für die Hände abgestützten Piloten durch einen ausgeklügelten Mechanismus feingesteuert werden konnten (Abbildung 31). Der »joli oiseau« (hübsche Vogel) von 8,30 m Spannweite

Abbildung 29: Biot Nr. 1. L. Opdyke, French Aeroplanes before the Great War. Online

Abbildung 30: Biot Nr. 2. L. Opdyke, French Aeroplanes before the Great War. Online

Abbildung 31: Biot Nr. 3. Beschreibungen s. Text

war vom Präsidenten der *Société* Hureau de Villeneuve mit einigen Kollegen besichtigt worden (*L'Aéronaute* 1887/08). Aus der Abbildung und der dürftigen Beschreibung wird nicht recht deutlich, ob es wirklich ein Segler oder nicht doch ein Ornithopter war. Aber auch dieser Apparat war von Biot gebaut worden, und selbst Hureau de Villeneuve, der zusammen mit dem Gründungsmitglied und Patentanwalt Félix Caron den bisher nicht durch Flugbegeisterung aufgefallenen Comte de Massia überfallartig in der Sitzung am 11.5.1882 zum assoziierten Mitglied vorgeschlagen hatte, spricht hier nicht vom einem »Planeur Massia-Biot«. War der Comte bei seiner Aufnahme überhaupt anwesend?

Comte de Massia war wie ein Gespenst auf einer Bühne erschienen, die nicht die seine war, hatte seinen Namen auf nicht vom ihm gebaute Flugapparate geklebt und war so spurlos verschwunden, dass ihn bis heute niemand kannte. Wie war so etwas möglich? Welches Spiel wurde da gespielt? Beteiligt waren außer Mouillard während seines Aufenthaltes in Paris Hureau de Villeneuve und Félix Caron, beides Mitglieder der ersten Stunde. Sie waren so gut befreundet, dass de Villeneuve nach Carons Tod dessen 10jährige Tochter adoptierte. Dr. Hureau de Villeneuve war reich und gut vernetzt in Paris: als Generalsekretär der *Société orientale* und, wie ein weiteres Mitglied der *Société* und einer der Gründer der *École publique*, Paul Bert, Mitglied der *Société d'anthropologie,* zweier zutiefst rassistischen Organisationen, und Autor eines Buches »L'accouchement dans la race jaune« (Die Entbindung bei der gelben Rasse). Er hatte gerade die *Société végétarienne* gegründet. Die umtriebige Figur in dieser Geschichte, und in diesem Zusammenhang bisher nicht wahrgenommen, ist jedoch der Ingenieur Alexandre Goupil (1843-1909), dem der Auftritt des Weinproduzenten Comte Édouard de Massia aus dem tiefen Süden Frankreichs auf der Pariser Bühne letztendlich zu verdanken ist.

Goupil hat ein unglaubliches Leben geführt, wie es der Nachruf seiner Schule in Chalons-sur-Saône, in der er seinen Ingenieursabschluss gemacht hatte, dokumentiert. In diesem Nachruf wird der Wohnort eines »Marquis« de Massia in Bézier genannt, der in Béziers aber nur als »Comte« existierte. (Marquis de Massia de Ranchin lebte in der Nähe von Argelès). Das führte mich auf die einzige und richtige Spur zur Klärung des Phänomens Comte de Massia.

Goupil arbeitete zunächst für den Eisenbahnbau im Osten Frankreichs. Im Krieg 1870/71 ein Draufgänger, der inmitten deutscher Truppen eine Brücke sprengte. 1872 ging er nach Andalusien in eine Bauxitmine, machte sich selbständig, errichtete in Spanien ein Krankenhaus, installierte eine Bleifabrik und baute hydraulische Maschinen. Vier Jahre später war er wieder beim Eisenbahnbau in der Bretagne und in der Normandie und seit 1884 beim Straßenbau in Algerien und Tunesien, bis er 1890 für den Rest seines Lebens in Frankreich landete und einfach weitermachte. Der für die Verbindung mit dem Comte de Massia interessante Teil seines Lebens sind die Jahre bei der Bauxitgesellschaft *Almagra y Almagura* und seine selbständigen Explorationen von Blei- und Silberminen.

Dort wird er den ausgewiesenen Kenner der Geologie und der Bergwerke Andalusiens, Juan Sanchez y Massia, zu Rate gezogen haben wie andere Unternehmer auch, die bei Aktionären Geld locker machen und mit dem Experten punkten wollten. Er gehörte zu den katalonischen de Massias, die auch im Hérault im tiefen Süden Frankreichs zuhause waren. Goupil muss über ihn an den Comte Édouard de Massia in Béziers geraten sein, der als Mitglied der *Société archéologique, scientifique et litteraire de Béziers* und wahrscheinlich auch der *Association française pour l'avancement des sciences, groupe géographique du Sud-Ouest* die Bauxitvorkommen in seiner Umgebung im Auge hatte: Cazoul-les Béziers (12 km nordwestlich), Roujan (20 km nordöstlich), Bédarieux (27 km nördlich). Aus zahlreichen kleinen Gruben, die zum Teil heute noch zu sehen sind, wurde das Bauxit gefördert, und mit Salindres östlich von Alès lag die erste Aluminiumfabrik der Welt direkt vor des Comte de Massias Haustüre (über 90% der Weltproduktion kamen bis 1887 aus Frankreich). Es ist durchaus möglich, dass er es war, der 1880 einen Prozess zur Extraktion von Eisen und 1886 einen zur Extraktion von Aluminium patentieren ließ. Das machte ihn für Hureau de Villeneuve zu einem attraktiven Mann, der das damals sehr teure Aluminium besorgen konnte und den man deshalb schnellstens mit ins Boot holen wollte. Das Gestell des dritten ultraleichten Flugapparats Biots von 1887 bestand nach dem Foto vielleicht aus Aluminium. Aber er ist nirgendwo genau beschrieben, was auch Chanute zutiefst bedauerte.

1883 machte Goupil mit dem Comte de Massia ausgedehnte Experimente, um den Auftrieb von planen Flügeln mit konvex-konkaven zu vergleichen, d.h. *nach* dem Auftreten des Comte de Massia in Paris. Goupil präsentierte sie ein Jahr später in »La Locomotion aérienne«, ohne den bei den Versuchen anwesenden Grafen zu erwähnen. Das machte er erst 1887 in einem Artikel in *La Chronique industrielle et commerciale*, als er einen Flugapparat des »M. le Comte de Massia« mit vier Flügeln und Ventilen beschrieb, der nach der Beschreibung nicht mit Biots ventillosem Apparat des gleichen Jahres verwechselt werden kann (No.3, 3.10.1887 und *L'Aéronaute* 1888/02, S. 28). Hureau de Villeneuve muss da schon ziemlich abgekühlt gewesen sein, denn er sorgte nicht dafür, dass de Massias Fluggerät in der *Société* vorgestellt und diskutiert wurde. Auch Chanute erwähnt ihn nicht, obwohl er 1892 noch vor der Herausgabe seines Buches mit Goupil korrespondiert hatte. Statt dessen schildert er mit großem Erstaunen einen pedalbetriebenen Flugapparat Goupils, der mit gewölbtem Flügel einen um das Vierfache gesteigerten Auftrieb erzeugte, ohne dass er die Ursache dieses Effekts benennen konnte (Abbildung 32). Goupil plädierte nach seinen einschlägigen Erfahrungen natürlich für die Verwendung von Aluminium zur Gewichtsreduktion, das als leichtes und zähes Material immer stärker in den Blick der Flugzeugbauer geriet.

Der anscheinend viel zu gutmütige Biot hatte es darüber hinaus mit einem regelrechten Trittbrettfahrer zu tun, einer schillernden Figur des vagabundierenden Kolonialismus, den er vom Fahrradfahren mit Michaux her kannte. Es war der aus einer Industriellenfamilie in Lyon stammende Aimé Olivier de Sanderval (1840-1919), der behauptete, er habe einen Apparat nach

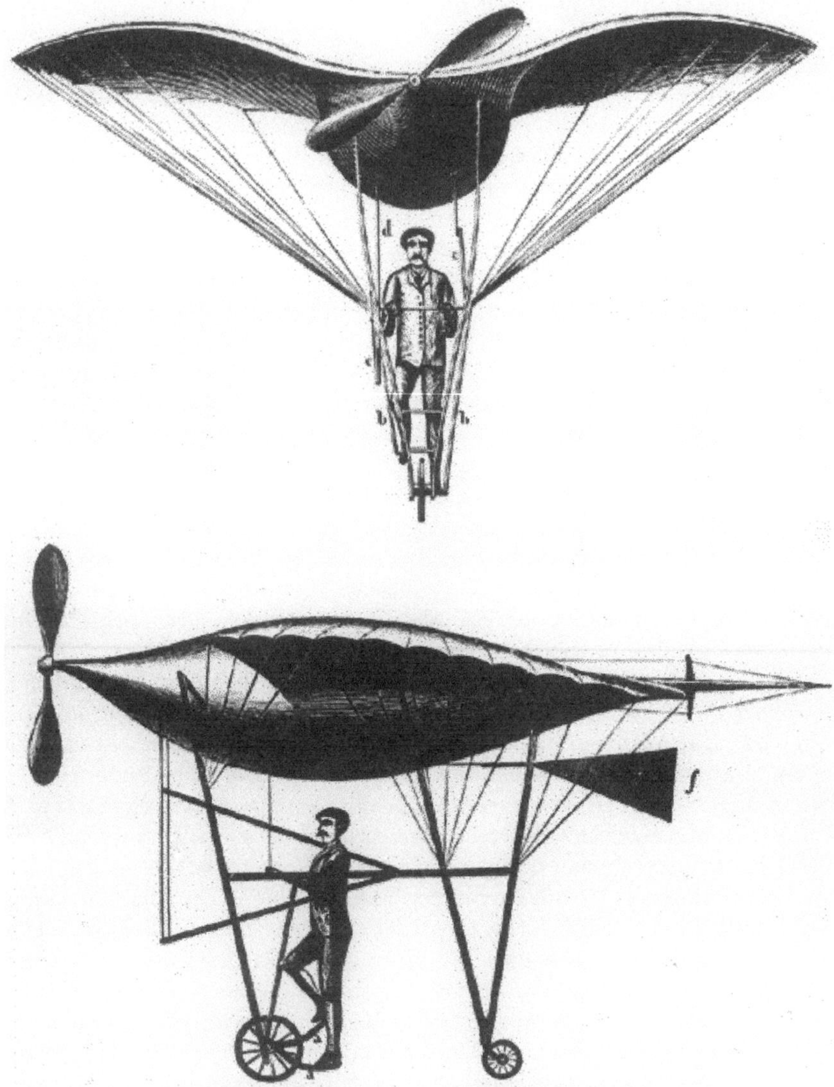

Abbildung 32: Alexandre Goupil. Fluggerät von 1883, mit dem er Auftriebsversuche unternommen hat. Mit den Pedalen wurden gleichzeitig das Rad und der Propeller betrieben und mit Seilen Seitenruder und Schwanz verstellt. Außerdem musste der direkt am Rad wie bei einem Vélo von Michaux strampelnde Mann den Körper verlagern, um im Gleichgewicht zu bleiben.

den handschriftlichen Aufzeichnungen Biots konstruiert und mit ihm mehrere Versuche unternommen. Sein Bericht wurde in *L'Aéronaute* (1886/11, S. 203) mit einer ungewöhnlich misstrauischen Bemerkung aus den Veröffentlichungen der Akademie der Wissenschaften (*Comptes rendus de l'Académie des Sciences)* reproduziert. Es sei ärgerlich, so die Redaktion über ihr Mitglied der *Société française de navigation aérienne*, dass Sanderval keinen Ort und keine Zeit für diese Experimente angegeben und keine Zeugen benannt habe. Die Redaktion war wahrscheinlich deshalb stutzig geworden, weil Sanderval ein Seil von 400 m Länge von einem nicht genannten Hügel zu einem anderen gespannt haben will, an dem der Flugapparat Fahrt aufnehmen sollte, und seine Ausführungen mit Versatzstücken von Binsenwahrheiten der Flugtechnik waren so allgemein geblieben, dass nicht einmal die drei verschiedenen Flugapparate deutlich beschrieben sind. Er schwadronierte nur über Fluggeräte, die auffallend denen Biots glichen.

Sanderval hieß von Haus aus Aimé Olivier und produzierte nach seiner Ausbildung zum Ingenieur zusammen mit seinem Bruder, anfangs auch mit dem Jugendfreund Biots, Michaux, Fahrräder in der *Compagnie Parisienne des Vélocipèdes,* die mit einer Dépendance in St. Petersburg pleite ging (Abbildung 33). Danach war er Direktor der Chemiefabrik *Perret Frères et Olivier* in Marennes (zwischen Lyon und Vienne), dessen Bürgermeister er wurde und die Postboten mit Fahrrädern ausstattete. Seit 1880 trat er als

Abbildung 33: Michaux Vélo, der Knochenschüttler. Keine Federung, beim Treten war es schwer, das Gleichgewicht zu halten. Erstmals 1861 gebaut. Mit diesem Vélocipède fuhr Biot die Strecke Paris Rouen und zurück in zwei Tagen. *Le Centaure magazine* (Paris), Sept. 1868

Abenteurer und Kolonisator in Afrika in Erscheinung. Auf ihn geht der Gründungskern der Hauptstadt von Guinea zurück. Louis I von Portugal verlieh ihm deshalb den Titel eines Vicomte de Sanderval, einem heutigen Stadtteil von Conakry. Er nannte sich König von Karel nach einem Gebirgszug in Guinea, ließ Münzen mit seinem Konterfei prägen und unterhielt eine Armee. Im 70er Krieg war er angeblich in preußische Gefangenschaft geraten, worüber er eine phantastische Geschichte seiner Flucht erzählte, drei Todesurteile inbegriffen. Tatsächlich aber war er Zivilist, und die Preußen krümmten ihm kein Haar. Sanderval war ein Aufschneider und Blender, ein verdammt gut aussehender Charmeur, der Frauen ins Unglück stürzte und sich nach seinem Intermezzo in Frankreich als Philosoph mit mystischen Anwandlungen nach Afrika zurückzog.

Die 1880er Jahre waren ein Wendepunkt für den Flugzeugbau. Die Genauigkeit, mit der jetzt das Flugverhalten der Vögel analysiert wurde, hatte allmählich die Erkenntnis reifen lassen, dass für eine mechanische Umsetzung ein Verständnis des Segelflugs unabdingbar ist. Der Arzt und Physiologe Étienne-Jules Marey, der sich selbst »ingénieur de la vie« nannte und von Anfang an Mitglied der *Société* war, hat den Umschwung in der Vorrede zu seinem Buch »Le vol des oiseaux« (Der Flug der Vögel) festgehalten:

> »Schließlich wird es im vierten Teil um die Frage des Gleit- und Segelfluges gehen: eine seltsame Art, bei der der Flügel passiv und unbeweglich ist, während die Luft agiert, um ihn anzuheben, wie bei einem Drachen.
>
> Diese zwei Arten des Fluges, die anscheinend so einfach in ihrem Mechanismus sind, da der Vogel sich alleine von der Luft tragen lässt, sind jedoch bis heute die am wenigsten verstandenen, weil sie Experimenten nicht zugänglich sind. Besonders der Segelflug entsteht nur unter bestimmten außergewöhnlichen Bedingungen und wurde nur von einer kleinen Anzahl von Beobachtern gesehen. Weil eine befriedigende Theorie, die ihn erklären könnte, fehlte, haben sich die Mechaniker lange Zeit damit begnügt, ihn zu ignorieren; aber wichtige Studien der letzten Jahre beweisen seine Realität und stellen eine mechanische Erklärung in Aussicht.«[43]

Der Physiologe Marey hatte mit seinen chronofotografischen Aufnahmen fliegender Vögel viel zum Verständnis des komplexen Ablaufs des Flügelschlages und mit seinen Muskeluntersuchungen zum erforderlichen Kraftaufwand beigetragen (Abbildung 34). Für die weitere Entwicklung im Flugzeugbau konnten sie als Beweise gegen Ornithopter gelten, da mit mechanisch schlagenden Flügeln niemals eine so raffinierte Anpassung an sich ständig ändernde Luftströmungen erreicht werden würde. Marey hat in seinem Buch Le Bris' Albatros und die Fluggeräte Biots ausgeblendet, diese begnadeten und mutigen Bastler, die er als Mitglied der *Société* eigentlich kennen musste. Warum?

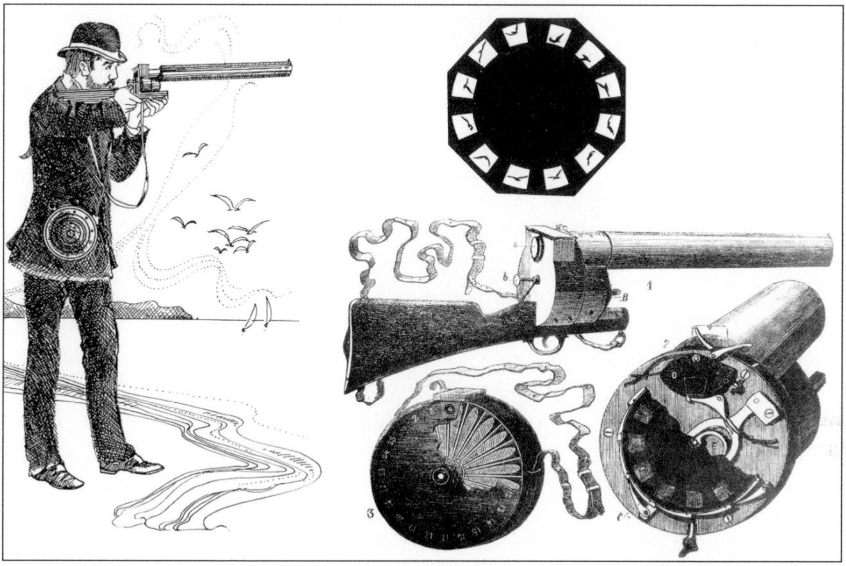

Abbildung 34: Die fotografische Flinte von Etienne-Jules Marey. Zuerst mit fotografischen Platten 1882, ab 1888 mit Papier-, bzw. Zelluloidstreifen versehene Kamera. Im Lauf ein Teleobjektiv. Aus: Jürgen Ristow, Vom Geisterbild zum Breitwandfilm. VEB Fotokinoverlag Leipzig 1986

Ein hundertjähriges Trauerspiel: Experimentatoren des Auftriebs

Diese Geschichte ohne vernehmbares Echo beginnt mit George Cayley (1773-1857). Er hatte schon als 11-jähriger, fasziniert von den Ballonaufstiegen, in sein Schulheft fallschirm- und hubschrauberähnliche Gebilde gekrizzelt und sich als junger Mann Gedanken über den Auftrieb an Flächen gemacht. In seinem Skizzenbuch von 1804, das erst 1960 entdeckt wurde, taucht zum ersten Mal die Zeichnung eines Dreharms auf, mit der er deren Auftrieb messen wollte. Von November 1809 bis März 1810 veröffentlichte er dann drei Artikel »On Aerial Navigation« im *Nicholson Journal of Natural Philosophy, Chemistry and Arts*, die von heute aus gesehen wie ein Manifest des Fluges schwerer als Luft gelesen werden können, und in dem er von der Verwendung des Dreharms Benjamin Robins'von 1746 spricht (Nov. 1809).

Das seit 1797 publizierte *Nicholson Journal* war die älteste britische Zeitschrift mit populärwissenschaftlichem Anspruch, die kurze Artikel auch von bisher nicht bekannten Autoren akzeptierte und schnell publizierte. Das unterschied sie von den etablierten und akademisch steifen *Philosophical Transactions* der *Royal Society* und machte sie zu einem erfolgreichen Modell, das schnell nachgeahmt wurde. Die *Philosophical Transactions* hätten Cayleys Artikel über ein von der Öffentlichkeit nur mit Gespött bedachten Gegenstand niemals publiziert. Sir Anthony Carlisle, ein Chirurg am Westminster Hospital, Fellow der *Royal Society* und zusammen mit dem Herausgeber William Nicholson der Entdecker der Elektrolyse des Wassers, meldete sich nach der Veröffentlichung zu Wort und entschuldigte sein nur heimliches Interesse so:

> »Die Weisen, die Vernünftigen und die verschlagenen Gattungen der Philosophen sind zu sehr darauf bedacht, sich nicht mit Dingen zu beschäftigen, die dem Gebell der Menge ausgesetzt sind ... Sie (Cayley) entgehen der Gefahr deshalb, weil Sie kein Glied im Konkurrenzstreit und nicht in einem Söldnerberuf beschäftig sind« (Richard Dee, the Man who Discovered Flight, S. 106).

Sir George Cayley, the 6th Baronet of Brompton, war durch Erbschaft abgesichert und selbständiger Ingenieur in Yorkshire, der im Laufe seines Lebens auf eigene Faust u.a. einen Raupenschlepper, eine Schießpulvermaschine, Prothesen, Rettungsringe und selbststeuernde Rettungsboote entwickelte, sich um Landgewinnung kümmerte und niemals Patente beantragte. Auch er ließ den Veröffentlichungen im *Nicholson Journal* keine weiteren folgen. So stehen sie für viele Jahrzehnte einsam in einer ausgedörrten Landschaft, obwohl Cayley Methoden zur Erforschung von Auftrieb, Vortrieb und Widerstand angegeben und die notwendige *relative* Windgeschwindigkeit für den Flug berechnet hat. Den Dreharm wird erst Lilienthal zu einem Ingenieursinstrument entwickeln und die Ergebnisse in Diagrammen von Luftwiderstand und Kraftersparnis bei unterschiedlichen Winkeln des auftreffenden Windes und bei verschiedenen Flügelformen praxistauglich abbilden. Dabei arbeitete Lilienthal mit den auch schon zu Zeiten Cayleys bekannten physikalischen Gesetzmäßigkeiten. Für den Bau seiner Segelflugapparate genügte die Messung der Effekte, ein Verständnis ihrer Ursachen war nicht erforderlich. Der große zeitliche Abstand zwischen Cayley und Lilienthal hatte deshalb keinen physikalischen und, was das Segelfliegen betrifft, auch keinen mechanischen Grund. Lilienthal gab den Ballons die Hauptschuld. Ohne sie hätte man glauben können, dass die Hauptschwierigkeit des Aufstiegs nun überwunden sei und es nur noch darauf ankomme, den Ballon lenkbar zu machen. Aber er sah auch, dass »die Bethätigung der technischen Kreise für die Flugfrage eine laue« sei und im Gegensatz zu anderen technischen Gebieten mit ausgebildeter Systematik »in der Flugtechnik die größte Zerfahrenheit« herrsche und »fast jeder Techniker über das Fliegen seine gesonderte Ansicht« vertrete, der Meinungsaustausch sei schwach (Der Vogelflug als Grundlage der Fliegekunst, S. 155).

Am meisten verwundert, dass Francis Herbert Wenhams Windtunnel von 1871 nicht flächendeckend zum Einsatz gekommen ist. Nicht einmal Chanute, der sich ausführlich mit Wenham beschäftigt, hat das Potential dieses Untersuchungsgeräts erkannt und Wenhams Windtunnel nicht erwähnt und propagiert, sondern lediglich Ergebnisse referiert. Wenham hatte zuerst mit Dreharmen experimentiert, aber feststellen müssen, dass die Ergebnisse durch die in Rotationsbewegung versetzte Luft verfälscht wurden. Im Windtunnel konnten kontrollierte Versuche stattfinden, und Wenham erzielte frappierende Ergebnisse, die für den Auftrieb sehr viel günstiger waren, als nach den Gesetzen Newtons zu erwarten gewesen wäre. Das hat er einschließlich vorbereitender Überlegungen zu den Druck- und Widerstandsverhältnissen in einer luftdurchströmten Röhre ausführlich kommuniziert. Die *Aeronautical Society* war sogar an der Finanzierung des Tunnels und dem Bau durch den Instrumentenspezialisten John Browning mit einer Suskription direkt involviert, hat den Windtunnel genau beschrieben, den Mitgliedern seine freie Nutzung in *Penns Engineering Works* in Greenwich angeboten, einem der wichtigsten Unternehmen für Schiffsmotoren- und Schrauben für die *Navy*, und sie darauf hingewiesen, dass bisher nur Flächen und noch keine gewölbten Flügel wie die der Vögel getestet worden seien (*Annual Report* 1871, S. 75-80. 1872, S. 6-12).

Der Windtunnel war noch nicht ausgereift, wie Wenham selbst erläuterte, vor allem in der Art, wie die Messergebnisse auf Zuruf von zwei Personen ohne Hilfe einer Uhr abgelesen wurden. Außerdem konnte nicht festgestellt werden, wo das Druckzentrum am Flügel bei verschiedenen Winkeln lag. Wenham vermutete, dass es mit geringer werdendem Anstellwinkel und dem damit verbundenen höheren Auftrieb nach vorne wandert. Er war auch der Frage nachgegangen, wie Flügel, die ein günstiges Verhältnis von Auftrieb und Widerstand aufweisen, praktischerweise zu konstruieren wären: Statt sie so lang zu machen wie die der segelnden Vögel und mangelnde Stabilität zu riskieren, sei es günstiger, zwei Flächen übereinander zu platzieren. Die

Verhinderung unerwünschter Interaktionen zwischen den beiden Flächen eines von ihm noch nicht so genannten Doppeldeckers sei nur ein Frage der Konstruktion.

Der Windtunnel Wenhams scheint von den Mitglieder der *Society* nicht genutzt worden zu sein. Statt dessen wurden R.C. Jay und Thomas Moy 15 Pfund für Versuche mit einem Dreharm bewilligt, die Wenhams Ergebnisse bestätigten. Nur einen, der den Vortrag Wenhams gehört hatte und nicht Mitglied war, Horatio Frederick Phillips (1845-1924), ließ der Windtunnel keine Ruhe. Er kritisierte die Fluktuationen in Wenhams Tunnel, die die Ergebnisse verfälschten und konstruierte Anfang der 80er Jahre einen neuen, der einen ruhigeren Strömungsfluss gewährleistete. Er benutzte ihn jetzt zu Messungen der Aerodynamik an verschieden gekrümmten, den Vogelflügeln nachgebauten Modellen, die er 1884 patentieren ließ, und verglich sie mit Ebenen. Zum ersten Mal gelang ihm so der quantitative Nachweis, dass gekrümmte Flügel einen deutlich höheren Auftrieb erzeugen als flache. Und er hatte eine Erklärung des Phänomens entgegen der bisherigen Auffassung, die die Ursache im Luftdruck an der Unter- und nicht an der Oberfläche des Flügels sah: die an der konvexen Krümmung oben vorbeistreichende Luft ist wegen des längeren Weges schneller und erzeugt deshalb ein kleines Vakuum mit vermindertem Druck, das den Flügel ansaugt. Nach diesem Prinzip hatte er schon den Windtunnel gebaut, in dem Luft, mit hohem Druck durch ein Sieb gepresst, einen gegenläufigen gleichmäßigen Luftstrom hervorruft, der durch eine Röhre mit den Flügelmodellen geleitet wird.

Phillips hat seine Flügelformen nicht im *Annual Report* der *Aeronautical Society*, sondern in dem in London erscheinenden *Engineering, an illustrated weekly journal* veröffentlicht (Vol. XXXX, 14.8.1885). Die *Aeronautical Society* war seit dem Ausscheiden Wenhams nach Streitereien mit dem Sekretär Brearey 1882 auf dem absteigenden Ast und verströmte ohne neue experimentelle und konstruktive Beiträge mit Wiederholungen und fruchtlosen mathematischen Spekulationen auf falscher physikalischer Grundlage ein trübes Licht. Das könnte der Grund für Phillips' Zurückhaltung gewesen sein. Aber er war sowieso von Anfang an ein Außenseiter der Szene. Das Leben dieses wichtigen Experimentators der Aerodynamik ist bisher leider nur bruchstückhaft bekannt. Er war der Sohn eines Kanonengießers und experimentierte seit seiner Jugend mit Drachen. Als Ingenieur lebte er zeitweise in Streatham/London, bastelte Hubschrauber mit gegenläufigen Rotoren und ließ Schachteldrachen, die er mit Hilfe eines Katapults startete, an einer Leine im Kreis herum fliegen. Seinen ersten Flugapparat, der angeblich 440 Pfund drei Fuß hoch anheben konnte, baute er 1893, und 1904 einen Flugapparat mit 20 schmalen Lamellen wie die einer venetianischen Jalousie, mit einer 22 PS starken Maschine. Die zweite Ausführung dieses Geräts soll 1907 das erste in England geflogene maschinengetriebene Flugzeug gewesen sein.[44]

Erst die Gebrüder Wright werden einen selbstgebauten und den Vorgängermodellen für die praktische Verwertung deutlich überlegenen Windtunnel nutzen, nachdem ihre Segelflugversuche auf der Basis der Daten von Lilienthal erhebliche Abweichungen von den erwarteten Werten erbracht hatten. Sie hatten mit den einfachen Mitteln ihrer Fahrradwerkstatt ein Balancegerät konstruiert, mit dem sie eine der wichtigsten Kerngrößen im Flugzeugbau, das Verhältnis von Auftrieb und Widerstand, ablesen und berechnen konnten. Nach der Korrektur gelang ihnen 1903 der erste motorgetriebene Flug.

Plötzlich sind die Amerikaner am Zug

In den USA lief der Einstieg in die Beschäftigung mit dem Flug schwerer als Luft ganz anders als in Europa. In England hatten höchste Kreise das Projekt mit definierter politischer und militärischer Zielsetzung und ausgesuchtem Personal betrieben, in Frankreich befeuerten diffuse Rachegelüste nationalistischer Kreise gegen Deutschland nach der demütigenden Niederlage 1871 Anstrengungen von Idealisten bis in die Tiefen der Provinz, während von Seiten des Staates das Projekt lenkbarer Ballons angegangen wurde. Auch in Deutschland blieben die offiziellen Stellen reserviert und bevorzugten eine Unterstützung von Luftschiffen. Nur einige Wenige wie Lilienthal verfolgten auf eigene Faust den Bau von Flugzeugen. Die wichtigen Erfinder in den USA waren erst spät auf Grundlage der widersprüchlichen Ergebnisse europäischer Bemühungen eingestiegen, aber dann mit Biss und Mut zur großen Lösung, manchmal gestützt von massiven Geldspritzen und medialer Propaganda. Es waren Leute mit Erfahrungen in der Erschließung der Weiten Nordamerikas dabei, Leute wie Octave Chanute.

Als die *Aeronautical Society* gegründet wurde, hatte Chanute gerade den Viehhof Chicagos mit Gleisanschluss fertig gestellt, der über 100 Jahre lang die berühmt-berüchtigten Schlachthöfe versorgen wird. Der 1832 in Paris geborene Chanute war in den Vereinigten Staaten jahrzehntelang am Bau von tausenden von Kilometern Eisenbahnlinien beteiligt und zu diesem Zeitpunkt bereits ein angesehener Mann. In dem außer der Ostküste noch dünn besiedelten Land war eine neue Eisenbahn ein logistischer, finanzieller und technologischer Kraftakt, der die Konstruktion atemberaubender Brücken, gottverlassener Bahnstationen und die Bereitstellung von Brennmaterial und Wasser mit einschloss – eine Vielseitigkeitsprüfung mit der Möglichkeit persönlicher Bereicherung durch Boden- und Häuserspekulation. Der selbsttrainierte Ingenieur Chanute hat nichts davon ausgelassen.

Vor allem aber, und das ist für seine spätere Fähigkeit, bei Fluggeräten die Spreu vom Weizen zu trennen interessant, hatte er um die Stabilität seiner Brückenkonstruktionen und der Windräder, die die Pumpen für die Wasserspeicher antrieben, und mit der Schwerpunktverlagerung der Züge in den Kurven zu kämpfen. Brücken und Windräder mussten trotz ihrer flüchtigen Bauweise stärksten Stürmen und heftigen Regenfällen standhalten. Je größer seine Erfahrung geworden war, desto mehr kümmerte er sich um solche Probleme, die den frühen, noch kaum befestigten Linien schwer zu schaffen machten und nicht selten tödliche Unfälle zur Folge hatten. Das hat ihn später gegen den Leichtsinn vieler Flugpioniere ein für alle Mal geimpft und seine Beobachtung der Luftbewegungen und ihres Einflusses auf verschieden geformte Elemente von Brücken und Windmühlen geschärft.

> »Wir wissen alle, dass eine konvexe Oberfläche dem Wind einen geringeren, eine konkave einen größeren Widerstand als eine flache Ebene bietet. Ich wage zu sagen, dass einige von uns diese Tatsache durch Experimente mit einem Schirm bestätigt haben. Der Schirm bietet einen Widerstand von 76 %, wenn er mit seiner konvexen Seite dem Wind zugewandt ist, während die konkave einen Widerstand bietet, der um das 1,9fache größer ist als der einer Fläche. Ich glaube, dass George Cayley herausgefunden hat, dass eine Kugel nur 42 % des Widerstands einer Fläche hat. Wenn wir diese Kenntnis auf die Teile von Brücken anwenden, sehen wir sofort, dass konvexe Objekte, wie runde Bahnschwellen oder runde geschlossene Säulen, weniger Widerstand bieten als flache Oberflächen.«[45]

George Cayley (1773-1857) hatte in einer Zeit, da alle Welt fasziniert den in die Höhe entschwindenden Ballons hinterher starrte, mit systematischen Experimenten und Modellen die Grundlagen für eine Ingenieurwissenschaft des Fliegens gelegt: *thrust*, *lift*, *drag*, and *gravity* – Schub, Auftrieb, Widerstand und Schwerkraft.

21 Jahre vorher hatte Chanute aus der Lektüre des berühmten Ingenieurs aus dem 18. Jahrhundert, John Smeaton, den Schluss gezogen, dass jeder Windmühlenflügel in seinem eigenen Gravitationszentrum mit den Wind rotieren müsse, wenn man Unwuchten vermeiden will. Da war Chanute gerade mal 28 Jahre alt und hatte sich für die Luftfahrt als ein noch zu lösendes »mechanisches Problem« zu interessieren begonnen. Zwei der wichtigsten, Widerstand und Schwerpunkt, waren ihm schon am Boden vertraut. Deren Kenntnisse setzte er beim Brückenbau, in Vorschlägen zur Kurvenneigung der Züge und für widerstandsärmere Lokomotiven um.

Er musste erst 50 Jahre alt werden, um sich mit vollem Engagement dem Flug schwerer als Luft widmen zu können. 1882 schrieb er an den Sekretär der *Aeronautical Society*, Brearey, »der Gegenstand muss vom vielem Unsinn gereinigt und auf ein wissenschaftliches und festes Fundament gestellt werden« (Short, S. 182). So ähnlich hatte sich Cayley bereits 1846 in einem Brief an William Samuel Henson ausgedrückt:

> »Was neue Prinzipien angeht, da gibt es keine, an praktischen Ausführungen wird es bald eine unendliche Vielfalt geben und es kommt darauf an, daraus die besten auszuwählen.«[46]

Das war leichter gesagt als getan, und die neuen Prinzipien waren nur noch nicht entdeckt. Henson jedenfalls ist kurz darauf nach Amerika ausgewandert, wo er als Ingenieur arbeitete und alles Mögliche erfunden, aber sich nie wieder um Aeronautik gekümmert hat. Er hatte mit seiner leichten Dampfmaschine und dem gemeinsam mit John Stringfellow konstruierten Flugzeug entscheidende Schritte in die richtige Richtung unternommen, als noch zahlreiche Dilettanten versuchten, sich durch Strampeln und Flügelschlagen aus eigener Kraft vom Boden zu erheben. Eine hervorstechende Einzelleistung, die ihre Vollbringer zur Verzweiflung trieb, aber nicht dazu, den Rat Cayleys zu befolgen. Henson und Stringfellow waren als Erfinder dazu nicht in der Lage. Chanute dagegen war unbelastet, als er sich einen Überblick über den Kenntnisstand im Bau von Fluggeräten verschaffte: Er selbst hatte noch keines entworfen und erst 1888 mit einem kleinen Nachbau aus einer französischen Zeitschrift, den er aus dem 3. Stock seines Hauses fliegen ließ, festgestellt, dass es sehr viel schneller an Höhe verlor als segelnde Vögel. Er war seither der Meinung, dass der gut informierte Professionelle die ungelösten Probleme der Aeronautik besser zu Ende denken (tink out) als bloß über sie nachdenken (tink of) sollte, wie das Simine Short in einer in dieser knappen Form kaum zu übersetzenden Weise sehr schön ausgedrückt hat.

Auf die Vögel hatte ihn neben Mouillard u.a. Israel Lancaster gebracht, ein seltsamer Kauz und einer dieser Enthusiasten, die alles liegen und stehen lassen, um sich mit Haut und Haar ihrem Objekt der Begierde zu widmen. Er ließ für zwei Jahre seine Farm in Illinois brach liegen und beobachete Vögel, vor allem den Bussard, an den Küsten Floridas. Chanute hatte seinen Beitrag im *Annual Report* der britischen *Aeronautical Society* gelesen (1883, S. 101) und ihn für einen Vortrag vor der *American Association for the Advancement of Science* am 18.8.1886 in Buffalo/New York gewinnen können. Lancaster hatte erkannt, dass mit der Physik Newtons die Probleme des Fluges nicht zu lösen sind und unglücklicherweise eigene mathematische Überlegungen angestellt. Sie gingen dem Dilettanten der Mathematik so gründlich daneben, dass sie auf der Stelle von den geschulten Zuhörern zerpflückt wurden. Einer von ihnen jedoch, der Astronom Samuel Langley, war neugierig geworden. Er wollte sich um die Untersuchung der Kräfte kümmern, die notwendig sind, um einen Flugkörper in der Luft zu halten. Er wird später dampfgetriebene und flugfähige Modelle bauen. Der missglückte Auftritt Lancasters hatte immerhin bewirkt, dass das Interesse an einem Flug schwerer als Luft nun auch in Amerika Fuß zu fassen begann, aber selbst Chanute vermied es noch, öffentlich damit in Verbindung gebracht zu werden. In einem Brief an die *Chicago Tribune* Ende 1888, in dem er sich mit den Schwächen eines darin beschriebenen Luftschiffes auseinandersetzte, legte er Wert darauf, anonym zu bleiben. Er wolle nicht, dass Nachbarn im Kramladen auf Mitglieder seiner Familie mit dem Finger zeigen. Aber die Dinge änderten sich schnell.

1889 ergriff Chanute mit einer kleinen Delegation amerikanischer Ingenieure und des Astronomen Langley die Gelegenheit zu einem Tripp zur *Exposition Universelle de Paris*, wo gleichzeitig der viertägige *Congrès International d'Aéronautique* mit über 100 Teilnehmern stattfand. In Frankreich hatte sich 1868 nur zwei Jahre nach der *Aeronautical Society* die *Société française de navigation aérienne* gegründet, die in den letzten zwanzig Jahren in ihrer Publikation *L'Aéronaute* gründliche wissenschaftliche Untersuchungen veröffentlicht und sich um die praktische Unterstützung experimentierender Modellbauer gekümmert hat. Ihre Mitglieder waren wie die der *Aeronautical Society* vor allem Ingenieure, darunter Absolventen der *École Polytechnique*, und die militärische Schlagseite kulminierte im Gründungspräsidenten Aimé Laussedat, Oberst der Pioniere und hauptberuflich Präsident der Kommission für militärische Ballons im Kriegsministerium. Ballonfahrer bildeten die Mehrheit der Mitglieder der französischen Gesellschaft.

Dieser erste Kongress mit Delegierten aus Russland, Brasilien, Mexiko, England, USA und Frankreich war überwiegend mit lenkbaren Ballons und Brieftauben beschäftigt, und Deutsche waren anscheinend nicht geladen. Chanutes Beitrag über den Luftwiderstand bei schrägen Flächen war bereits ein Ergebnis Nationen übergreifenden Informationsaustausches mit Daten aus Australien und England. Der in Frankreich ausgebildete Ingenieur aus St. Petersburg, Stéphane Drzewiecki, sprach von Vögeln als »belebten Flugzeugen«, was auf den Bau flügelschlagender Geräte (Ornithopter) hinauslief. Andere hatten sich mit Segelflug und Propeller auseinandergesetzt. Eine klare Richtung war nicht zu erkennen. Man hatte in zwei Jahrzehnten zwar Einiges zusammengetragen, aber schwamm darin wie ein orientierungsloser Fisch. Chanute begann sein Zeitungsarchiv zu sichten und die Kontakte zu nutzen, die er in Paris hatte knüpfen können.

In den USA ging er, der sich bisher so zurückgehalten hatte, an die Öffentlichkeit und hielt eine Vorlesung vor Ingenieurstudenten im New Yorker *Sibley College*, die er in fünf Folgen in der Zeitschrift seines beruflichen Werdegangs erscheinen ließ, im *American Railroad and Engineering Journal* (»Aerial navigation«, No. 64, 1890). Er war sich bereits darüber im Klaren, wie ein Flugzeug ausgerüstet sein müsste, um abzuheben: Starre Flügel, ein leichter und starker Motor und Propeller. Aber: »Kein noch so starker Motor würde helfen, wenn der Apparat, in dem er eingebaut wird, in der Luft nicht stabil ist« (Short, S. 190). Die Stabilität wird für ihn zum alles entscheidenden Problem.

Die Mathematik habe noch keine Lösung für den Segelflug gefunden, sagt Chanute wie immer höflich und zurückhaltend, denn alles, was angeboten werde, sei mit den Fakten nicht vereinbar. Interessanterweise waren es Dilettanten gewesen, die sich als erste dem vernichtenden Diktat der etablierten Physik widersetzt hatten: Der Fotograf und Schriftsteller Nadar, der Fregattenkapitän und Romancier de la Landelle und der Farmer aus Illinois Lancaster gehörten zu ihnen. Jetzt waren es Ingenieure, die mit ihrem Präzisionswerkzeug Mathematik nicht weiter kamen und sich in einer Lage befanden, die kaum komfortabler war als die der phantasievollen Bastler eines stümperhaften Vogels. Der falsche Ansatz, den Flug unter dem Aspekt geleisteter Arbeit zu bewerten, hatte für die Berechnung bewegter Körper in der Luft den absurden Unsinn Naviers ergeben.

Wo war die Lösung zu suchen? Es gab inzwischen eine ganze Reihe von Fortschritten, die Chanute im *Railroad Journal* in monatlichen Abständen veröffentlichte. An Wenham schrieb er, was ihm vorschwebte:

> »Ich schreibe eine Reihe von Artikeln über ›Progress in Flying Machines‹ und habe mich um ihre Adresse bemüht, so dass ich mich mit dem Pionier austauschen kann, der als erster zu einem rationalen Ingenieursblick auf den Gegenstand vorgedrungen ist....Meine durchgängige Idee ist, das durchzumustern, was bisher experimentiert worden ist, über Fehler zu berichten, den Unsinn zu klären und einige Elemente des Erfolgs herauszustellen« (Short, S. 192).

Die Artikelserie wird 1893 als Buch erscheinen und kein Bestseller. Nach sechs Jahren waren trotz des weltweiten Netzwerkes Chanutes gerade mal 99 Stück verkauft, aber es war in die richtigen Hände geraten. Die Praktiker haben es verschlungen und sich an ihm orientiert. Da auch die Gebrüder Wright zu ihnen zählten, wurde diese frühe Analyse tauglicher und weniger tauglicher Fluggeräte mit seinen zahlreichen Abbildungen zu einem der Wegbereiter ihres Erfolges.

In Vorbereitung der ersten amerikanischen *International Conference on Aerial Navigation* während der Weltausstellung 1893 in Chicago war Chanute die Sorge anzumerken, dass sich solche »cranks«, Spinner, unter die Teilnehmer mischen könnten, mit denen er sich zu Genüge in seinem Buch auseinanderzusetzen hatte. Was ihm vorschwebte, war die Aufklärung »ehrenwerter, aber schlecht gerüsteter Erfinder, die alte Experimente ohne richtiges Verständnis der damit verbundenen mechanischen Schwierigkeiten wiederholten« (Short, S. 197). Er wollte nichts von neuen Geräten und neuen Theorien hören, sondern Fakten, gesichertes Wissen und Berichte über Experimente. Gegenüber den »cranks« wirkte das wie eine feindliche Übernahme einer ihnen 100 Jahre lang mit unverhohlener Häme überlassenen Traumfabrik. Es war wirklich nicht gerecht, sie durch eine üppige Tagungsgebühr von 3 US-$ praktisch auszuschließen (1893 betrug das durchschnittliche Wocheneinkommen einer vierköpfigen Familie in New York 5 $). Denn sie waren es gewesen, die den Traum zu fliegen trotz aller apodiktisch vorgetragenen vernichtenden wissenschaftlichen Urteile und der Gefahr als nicht mehr ganz zurechnungsfähiger komischer Kauz zu gelten, aufrecht erhalten und den jetzt auf den rumpelnden Zug aufgesprungenen Ingenieuren Lösungsansätze aufgezeigt hatten. Wissenschaftler untereinander sprechen üblicherweise nicht von Spinnern, wenn von Kollegen Fehler gemacht werden, aber im Grunde genommen waren es einige diese Physiker, die ihr mathematisches Werkzeug auf experimentell ungeprüfter Datenbasis dogmatisch nach altbekannten Regeln einsetzten und wie die »cranks« mit ihren »verrückten Zahlen« (Nadar) trotz aller offensichtlicher Widersprüche zu den Abläufen in der Natur von der Unfehlbarkeit rechnerischer Logik träumten. Chanute versuchte nun, sich gegen beide Spielarten vergeblichen Bemühens mit der größere Erfolge versprechenden praktischen Arbeitsweise von Ingenieuren zu positionieren und die Fehler beider Seiten zu vermeiden. Er hat es sich nicht leicht gemacht und auch technisch Verwertbares dilettantischer Versuche gewürdigt.

Davon gab es auch in den USA eine ganze Reihe. Sie spiegeln ein Einwanderungsland, in dem nur Wenigen ein ortsgebundenes Leben vergönnt war. Sie kamen aus Schottland, Irland, England und Deutschland, kamen auch in den USA nicht zur Ruhe, durchquerten den Kontinent und blieben irgendwo hängen, manchmal für immer, häufiger jedoch nur für kurze Zeit. Diese mobilen Träumer von einem besseren Leben waren wie geschaffen für den Traum vom Fliegen.

Einer, der tragisch endete, war der wahrscheinlich selbst ernannte Ingenieur William G. Krueger, wie die *New York Times* vom 2.5.1882 berichtete. Der erfolglose Erfinder Krueger habe sich durch einen Schuss mit einem »bulldogrevolver of 44 calibre« in die rechte Schläfe in seiner Bleibe in der *Forsyte Street* 186 umgebracht. Man habe auf Regalen mehrere Modelle seines Luftschiffes und eine Masse von Papieren über Luftfahrt gefunden, darunter auch ein Zertifikat über die Mitgliedschaft in der Freimaurerloge *Doric Logde* von San Franzisco. Er stamme aus Grandenz in Westpreußen und sei seit 25 Jahren in den USA. Während des Bürgerkrieges habe er vier Jahre in der »Company F. Second Regiment of Missouri Volunteers« gedient und, weil er im Dienst beleidigt und in der Hand des Feindes krank geworden sei, einen Prozess um eine Pension geführt. Darüber sei noch nicht entschieden, er habe aber nach Aussage seiner Nachbarin Mrs. Harris mehrere tausend Dollar erwartet, die alle seine Sorgen mit einmal beseitigt hätten. 1869 war er als Kaufmännischer Angestellter im *Evening Bulletin* von San Francisco nachweisbar, 1871 wohnte er in Downieville (!), einem Goldgräberort, der eine Zeitlang als Hauptstadt Kaliforniens vorgesehen war und heute nur wenige Hundert Einwohner zählt. Fünf Jahre später meldet die *Daily Alta California* (19.2.1876), dass Krueger die *California Aeronautic Company* mit einem Aktienkapital von 10 Mio. $ gegründet habe. »In ihrem Prospekt behaupten sie, dass das Problem des Fluges viel eher eine Frage mechanischer Anpassung, Konstruktion und Handhabung als die einer enormen Kraft sei. Das kann man in dieser allgemeinen Form eine unbestrittene Tatsache nennen. Der Erfinder behauptet, er habe das Problem der Luftfahrt gelöst und diese Company gegründet, um Betriebskapital zu besorgen«. Das scheint gründlich danebengegangen zu sein. Am 7.8.1876, kurz nach der Gründung hatte er noch vor der *Academie of Natural Science* in San Francisco eine Vorlesung über künstlichen Flug (Lecture of Artificial Flight) gehalten, die gedruckt vorliegt und in der er auf sein eigenes Modell Bezug nimmt.

Er war ein frühes Mitglied der *Aeronautical Society of Great Britain* und patentierte in seinem Todesjahr eine Flugmaschine mit drei hintereinander angeordneten Flächen, deren hinterste wie der Schwanz eine Schwalbe geformt gewesen sein soll. Darunter hing eine Art Schiff, darüber ein Dach mit vier Propellern, bei denen der Antrieb nicht klar war. Chanute sagte dazu: »Er wird hier erwähnt, um zu zeigen, wie Einfallsreichtum manchmal zu Komplikationen führt, während die wirklich wichtigen Ausstattungen unberücksichtigt bleiben« (S. 154). Dass der Apparat niemals gebaut wurde, hatte mit Kruegers Kopfschuss zu tun.

Der 1825 in Irland geborene John B. Ward war zum reichen Rancher in San Leandro am Ostufer der Bay von San Francisco aufgestiegen. Mit zwei Patenten der Jahre 1876 und 1877 auf ein Luftfahrzeug mit Ventilatoren, einer schlichten Plattform aus Aluminium (!) auf Rädern und mit Flügelschrauben, die das Gefährt vorwärts und nach oben treiben sollten, wird er in der Geschichte der Luftfahrt als Vordenker der Luftkissenboote angesehen. Zu dieser Zeit war Aluminium so teuer wie Silber und kostete 1 $ pro Unze (ca. 28 Gramm). Er hat es möglicherweise über die 1869 fertiggestellte transkontinentale Eisenbahnlinie bezogen. Mr. Ward sei, so der Nachruf in der *Dalta Alta California* vom 10.7.1889, ein Mann der Wissenschaften gewesen, einer, der nach einer Methode zu fliegen gesucht und verschiedene

Modelle von Luftschiffen besessen habe. Ward wurde durch Heirat einer Tochter des ersten spanischen Siedlers in Leandro, José Joaquin Estudillo, zum Rancher. Dieser hatte 1842 vom mexikanischen Gouverneur, der seit der Unabhängigkeit von Spanien 1825 in Kalifornien das Sagen hatte, für 17jährigen Militärdienst 36 km^2 Land erhalten. Es waren die an den mexikanischen Staat gefallenen Ländereien ehemaliger franziskanischer Missionen, die Gouverneur Alvarado nun freihändig und nahezu kostenlos an seine Freunde verteilte. Nach dem mexikanisch-amerikanischen Krieg, der Annexion durch die USA 1848 und dem Tod Estudillos 1852 wurde der 27jährige Ward Manager der »Estudillo Rancho« und musste sie gegen Landbesetzer des »Goldrush« für die Witwe und die neun hinterbliebenen Kinder verteidigen. Da sowohl die Witwe Juana als auch einer der Söhne Tagebuch und einen Musterprozess gegen Landbesetzer führten, sind die Geschichte dieses Besitzes, die Gründung San Leandros durch Ward, das Schulsystem und die Auseinandersetzungen mit den Rechten der »Californios« und der Indianer gut dokumentiert, nicht jedoch die Fluggrillen Wards und der Verbleib seiner Modelle. Es ist auch nicht klar, wie der Ire als einer von nur 500 nicht-amerikanischen Siedlern bis 1845 nach Kalifornien gekommen war, möglicherweise auf einem der rund 25 Schiffe pro Jahr, die seit den 40ern von Boston aus in 200 Tagen ums Cap Horn nach San Francisco segelten und Rinderhäute und Talg gegen Luxuswaren der Ostküste eintauschten. Als der Goldrausch 1850 einsetzte, war Ward längst an der San Francisco Bay etabliert (The City of Leandro History).

800 km entfernt war der Richter James C. Walker in Waco Village, Texas, einem Ort südlich von Dallas, der erst 1837 als Fort gegründet und 1871 von der Eisenbahn erreicht worden war, 15 Jahre später auf eine ähnliche Idee wie Ward gekommen. Auch er ließ seine Propeller mit einer Art Föhn in Bewegung setzen, den Chanute wegen seiner geringen Energieausbeute von nur 30% gegenüber derjenigen von 70 % bei direktem Antrieb in Frage stellte. Walker wollte damit senkrecht starten und landen.[47] Die Grundprinzipien der Erfindungen von Ward und Walker werden noch heute angewandt.

Insgesamt, so Chanute, habe er in den USA nur 30 Patente für Flugmaschinen ausfindig machen können, andere Nachrichten seien nicht verfügbar gewesen. Das spricht für eine sehr geringe Beschäftigung mit dem Flugproblem in einem riesigen Land, das gerade dabei war, in einer gigantischen Anstrengung alle Regionen durch Eisenbahnlinien zu erschließen. Unter den Patenten gab es nur vier flügelschlagende Apparate, angesichts der großen Zahl von Ornithoptern, die in Europa patentiert und gebaut worden war, fast zu vernachlässigen (S. 32). Alle wertlos, sagt Chanute, wie die beiden mit Muskelkraft betriebenen Ornithopter des homöopathischen Arztes Watson Fell Quinby (1825-1918) aus Wilmington/Delaware, einer Hochburg der Schießpulverproduktion und des Stahlschiffbaus. Dieser Arzt hatte sich darüber hinaus vergeblich für die Einführung des metrischen Systems in den USA stark gemacht[48], einen Drehpflug, einen feuerfesten Ziegelstein für Rundbögen erfunden und ein rassistisches Pamphlet über »Mongrelism« – Rassenmischung geschrieben.

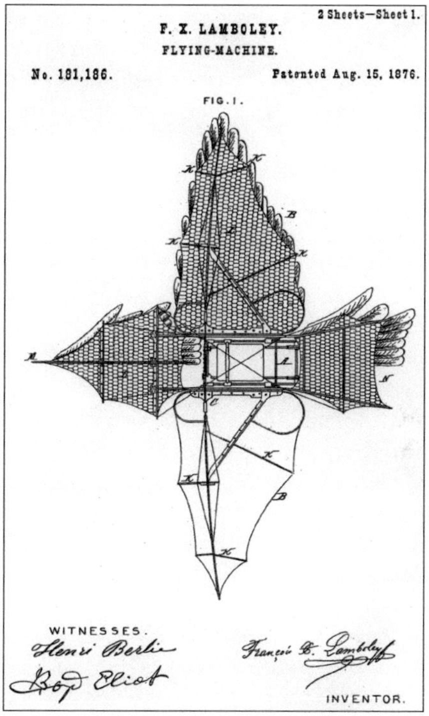

Abbildung 35: Lamboley US-Patent 1876

Auch der mit Muskelkraft betriebene Ornithopter des François Xavier Lamboley aus New York, der mit in ein Drahtnetz gesteckten Federn wie ein Vogel aussah, fand in den Augen Chanutes keine Gnade (Abbildung 35). Lamboley patentierte ihn am 15.8.1876 und trat die Hälfte der Rechte an Henri Berlie ab, ebenso wie auch ein Jahr später für das Patent eines Füllhalters. In New York war allerdings kein François Xavier Lamboley nachweisbar, aber im 19. Jahrhundert sind viele Lamboleys in die USA ausgewandert und viele davon stammten aus der Franche Comté im Osten Frankreichs. Da auch im US-Census von 1860, 1870, 1880 und 1890 keiner diesen Namens in New York zu finden war, spricht Einiges dafür, dass Lamboley nur für kurze Zeit in New York gewesen ist und dort seinen Flugapparat und Füllfederhalter patentieren ließ. Über Henri Berlie, dem Mitinhaber beider Patentrechte, gelang es mir, eine schwache Spur des Mannes aufzunehmen, die im Verlauf immer klarere Konturen gewann.

Mit zwei François Xavier Lamboleys hat die Recherche begonnen, mit dem 1833 in Beulotte-Saint-Laurent, 30 km nordwestlich von Belfort geborenen und dort in Servance ganz in der Nähe verstorbenen und mit dem am 16.3.1827 in Servance geborenen und am 8.2.1896 in Saint Barthélémy verstorbenen François Xavier Lamboley. Letzterer war *bûcheron*, Holzfäller, vom ersten gibt es keine Berufsangabe (rootsweb). Servance war ein Dorf mit Spinnereien, Webereien, Eisen- und holzverarbeitender Industrie, mit allem, was man zum Bau eines Flugapparates braucht. Wenn einer der beiden der Richtige ist, wie kam er dann nach New York?

Da beide Lamboleys aus der Gegend um Belfort stammen und der Mitinhaber des Patents Henri Berlie ist, ist eine Verbindung mit dem Hersteller von Stahlfedern und Pendel für Uhren, Édouard Berlie aus Genf über die ausgedehnte Uhrenindustrie um Besançon und Montbéliard in Frankreich, Neuchâtel, La Chaux-de-Fonds und Genf in der Schweiz eine naheliegende Vermutung. Das ist auch die Heimat der »Comtoise Pendeluhr« mit Emaillezifferblatt und ca. 1 m langem Pendel aus Stahl, von der vor allem zwischen 1830 und 1880 zigtausende produziert wurden. 1876, im Jahr des Flugzeugpatents für Lamboley und Berlie, öffnete die *Centennial Exhibition in Phi-*

ladelphia ihre Pforten inmitten der seit 1873 anhaltenden Wirtschaftskrise, eine Industrieausstellung gigantischen Ausmaßes zum 100jährigen Bestehen der USA. Diese Ausstellung könnte der Anlass für Lamboleys und Berlies Reise in die USA gewesen sein. Dort wurden Uhren aus Genf ausgestellt, und *Edouard* Berlie bekam einen Preis für eine Uhrfeder und für einen speziell gehärteten Stahl, der für Kupferstich, Lithographie und Uhrenfedern geeignet war.[49] Das Gestell von Lamboleys Flugapparat sollte bevorzugt aus »sheet steel« (Stahlblech) hergestellt werden, ein weiterer Hinweis, auf der richtigen Spur zu sein. In dieser Ausstellung gab es eine extra Halle nur für Metallbleche, und ein Berlie hatte sich bereits 1830 ein US-Patent für »files of forged steel« (Feilen aus geschmiedetem Stahl) geben lassen. Im US Census von 1870 gibt es einen einzigen Henry (sic!) Berlie mit Wohnsitz New York, der 1825 oder 1826 in Frankreich geboren ist und im Census zehn Jahre später fehlt. Er war Koch und dürfte nicht in Frage kommen. Erst im Census von 1900 ist wieder ein Henry Berlie zu finden, geboren im März 1830 in der Schweiz, eingetragen als Landlord, aber in Manhattan gemeldet. Er scheint eine nicht ganz unwichtige Person gewesen zu sein, denn der *Scranton Republicain* vom 13.6.1894 gibt die Ankunft von »Henri Berlie and wife in town for the summer« bekannt. Scranton in Pennsylvania war aber längst kein Luftkurort mehr, sondern der Standort der zweitgrößten Stahlfabrik der Welt, die mit Eisenbahnschienen groß geworden war. Auch hier wieder Stahl, das die Spur des Henri Berlie kennzeichnet. Dieser Henri Berlie stammte sehr wahrscheinlich aus La Chaux-de-Fonds in der Schweiz, nur 20 km nördlich von Neuchâtel direkt an der französischen Grenze, das damit genau im Uhrendreieck von Genf, Neuchâtel, Montbéliard, Belfort und Besançon lag. Dafür gibt es nur zwei Anhaltspunkte im *L'Impartial, Journal Quotidien de La Chaux-de-Fonds* vom 21.3.1891 und 26.9.1911: In zwei Todesanzeigen, die die Familie Guiot-Benoit betreffen, kondoliert Henri Berlie aus Amerika. Die Benoits waren Uhrmacher. La Chaux-de-Fonds hatte seit Mitte des Jahrhunderts viele Arbeiter aus der näheren und weiteren Umgebung für die Uhrenindustrie angezogen, die kaum unterzubringen waren. Das war sogar ein Thema auf der Ausstellung in Philadelphia, auf der Architekten Erweiterungspläne für die Stadt zur Diskussion stellten.

Folgender Ablauf lässt sich nun mit aller Vorsicht vermuten: Henri Berlie ist im Auftrag von Édouard Berlie aus Genf mit Lamboley zur Ausstellung nach Philadelphia gereist, hat in New York die Patente für Lamboley als Zeuge und Teilhaber gegengezeichnet und wahrscheinlich bezahlt und ist dort geblieben, während Lamboley wieder in seine Heimat zurückgekehrt ist und nichts mehr von einer Beschäftigung mit Flugapparaten verlauten ließ. 34 Jahre nach Philadelphia, im Juli 1910, hat Henri Berlie ein vierstöckiges Geschäftshaus in New York verkauft. Mit welcher Art von Geschäften war der selbst ernannte Landlord reich geworden? Der Verkauf könnte im Zusammenhang mit dem skandalösen Verhalten von Edouards Berlies Sohn nach dem Tod seines Vaters 1910 stehen, der sich Kredite erschlichen und Unterschriften gefälscht hat – ein Betrüger, der Schlagzeilen und viele Geprellte produzierte (*L'Impérial* vom 16.8.1911). Das hatte Henri Berlie zwar nicht zu verantworten, aber vielleicht auszubügeln. Die Patentinhaber für ein untaugliches Fluggerät, Lamboley und Berlie, sind Teil der Geschichte einer europäischen Uhrenindustrie und ihrer Verflechtung mit Amerika. Aber endgültig bewiesen ist das nicht.

Auch Alexander Perkins Keith (ca. 1809 – ca. 1899) war ein Teil dieser amerikanischen Geschichte, die von Landhungrigen und Glücksrittern wimmelte und lebenslange Sesshaftigkeit eher die Ausnahme war. Er starb als Farmer in San Diego/Kalifornien, aber stammte aus Eaton/Massachusetts in der Nähe von Boston. Gold lockte ihn nach Kalifornien und Nevada. Ein »big strike« machte ihn 1860 reich und nun zu einem Träumer grenzenloser Freiheiten in der Luft. Er baute einen Flugapparat, der aussah wie eine Galeere, bei der die Ruder mit Segeltuch verspannt waren und mit Hilfe einer Gasturbine oder einer Dampfmaschine wie Flügel schlagen sollten (US-Patent No. 100,415 vom 1.3.1870). In späteren Modellen experimentierte er mit einem Propellerantrieb. Seine aviatische Sammlung landete im Flug- und Raumfahrtmuseum in San Diego, die die Familie nach seinem Tod, völlig überrascht von seinen Aktivitäten, in einer Scheune gefunden hat.[50]

James Madison Wheeler aus Fish's Eddy / Delaware / State of New York, ca. 40 Meilen östlich von New York wurde erst zum Erfinder, nachdem er 1876 mit einer Börsenspekulation grandios gescheitert war. Seinen 1887 patentierten Flugapparat, eine Art Jalousie aus übereinander an einem Stab montierten schlagenden Flügeln, hat Chanute völlig zu Recht vernichtend kritisiert. Nach der gescheiterten Spekulation mit Aktien der *Chicago and North-Western Railway* stritten Wheeler und sein Kompagnon Frederick S. Comstock um 26 Mio. Dollar. Wheeler soll Gelder, die eigentlich der *F.S Comstock & Co.* zugestanden hätten, auf sein eigenes Konto umgeleitet haben (U.S. Supreme Court, States for the southern district of New York: Wheeler v. (versus) Sedgwick, 1876). Die Bahngesellschaft, deren Kürzel C.N.W. von den Beschäftigten mit »Can't & Never Will« oder mit »Cheap & And Nothing Wasted« verballhornt wurde und der Chanute nur eine geringe Menge seiner durch Vorbehandlung resistenter gemachten Bohlen verkaufen konnte, war eine der wichtigen Unternehmen, die Eisenbahnlinien in den Westen der USA bauten. In der Folge der mir nicht bekannten gerichtlichen Entscheidung stürzte sich 12 Jahre später Wheelers Kompagnon Comstock, vom Bankdirektor zum Steuereintreiber degradiert, aus dem Fenster des Central Hotel in New York, wo er als Frank Staples logierte, wie die *New York Times* vom 15.11.1888 berichtete. In offensichtlich stark angetrunkenem Zustand sei er nackt aus dem Fenster im ersten Stock entweder gefallen oder gesprungen und zwei Stunden später an seinen Verletzungen gestorben. 1859 war F. S. Comstock noch Präsident der *Syracuse City Bank* gewesen. Wheelers fliegender venetianische Vorhang spielt in der Geschichte der Luftfahrt keine Rolle, aber sein Bankrott und der Fenstersturz seines Kompagnons gehören zur verzweifelten Geschichte der *Panic of 1873*.

Dem Bürgerkrieg war ein beispielloser Boom im Eisenbahnbau gefolgt, bei dem in fünf Jahren 53 000 km neue Linien verlegt wurden, angeheizt durch staatliche Landgarantien und riesige Mengen spekulativen Kapitals, nicht wenig davon aus Deutschland. Dem Bankrott der ersten und damals größten Bank, *Jay Cooke & Co*, die sich nicht nur beim Bau der *Northern Pacific Railway* übernommen, sondern auch in Europa verspekuliert hatte, folgte ein Absturz der Aktienkurse, die Schließung der New Yorker Börse und der sofortige Kollaps von 6000 Banken, denen noch weitere 2000 folgten. Die Kettenreaktion ruinierte Eisenbahngesellschaften und ganze Industrien und kostete 100 Arbeitern bei Unruhen das Leben. Damals wurde der Bankier J. P. Morgan durch Billigeinkauf von Pleitebetrieben und Eisenbahngesellschaften sehr reich.

Der Traum vom Fliegen trieb in den abgelegendsten Bergen Amerikas seltsame Blüten. William Beeson aus Dillon City/Montana entwarf und patentierte 1888 einen schlichten gewölbten Drachen mit Schwanz zum Steuern, der von einem zweiten Drachen zusammen mit dem mutigen Flugpionier in die Höhe gebracht und nach Auslösen des Seils segeln sollte. Mit ihm wollte er 200 Meilen nach Helena fliegen, um den Mörder des Bergarbeiters John William Pitts, Patrick John Hart, hängen zu sehen.[51] »It took two bullets to kill John William Pitts on November 7, 1885 in the Jefferson County Courthouse of the time, three trials to convict his murderer and one rope to finish the job«, schrieb der *Jefferson County Courier* in bestem Journalismus. 1885 war die Stadt Dillon mit weniger als 1000 Einwohnern eher ein Dorf mit Holz- und nur wenigen Ziegelhäusern und gerade mal fünf Jahre alt, benannt nach dem Präsidenten der *Union Pacific*, Sidney Dillon. Es war ein kleiner Umschlagplatz für Wolle, es gab Goldgräber in der Nähe und natürlich die Arbeiter an der Schmalspurbahn. Der Ton war rau, die Saloons zahlreich, professionelle Spieler mit angeberischem Gehabe und langen Goldketten stolzierten durch den Matsch der Straßen – zu welchen dieser Typen gehörte Beeson? War er vielleicht Farmer, in dessen Haus Indianer durch die Fenster linsten, die Leute erschreckten und doch zur Feier des *Independence Day* am 4. Juli hoch zu Ross der amerikanischen Flagge folgten? 1881 hatte Beeson einen Schwimmapparat entworfen, bei dem Membranen zu beiden Seiten des Körpers wie bei einem Flughund ausgespannt waren, die als Flossen gedacht waren.[52] Chanute hielt ihn für einen Segelflieger.

Die Weißen hatten allen Grund, die Rache der Indianer zu befürchten. Nach der Schlacht am Little Big Horn 1876, bei der die Sioux, Cheyenne und Arapho die Truppen des Indianerschlächters General Custer völlig aufgerieben hatten, wurde ihr letzter Widerstand unter Sitting Bull, Crazy Horse und Big Foot in den 80er Jahren endgültig gebrochen. Ihre Lebensgrundlagen waren nach Ausrottung der Büffel zerstört, ihr Nomadenleben unmöglich geworden, nachdem jährlich bis zu einer Million Einwanderer ins Land geströmt waren und sich jetzt mit Hilfe der »railroads« und der 1869 fertiggestellten Ost-West-Verbindung über den ganzen Kontinent ergossen (Abbildung 36 u. 37). Seit 1886 bekamen sie bei der Einfahrt in den New Yorker Hafen die Freiheitsstatue zu sehen und gerieten anschließend in den Industriezentren in eine Hölle beengter Wohnverhältnisse und erbärmlicher Arbeitsbedingungen bei niedrigsten Löhnen. Das führte zu den großen Streiks von Chicago Anfang Mai 1886. Seit 1888 ist der 1. Mai »Arbeiterkampftag«.

Abbildung 36: Das Aufeinandertreffen der *Union Pacific* und der *Central Pacific Railroad* am *Promontory Point* in Utah 1869. Zwei Büffel und drei Indianer ergreifen die Flucht. Der weiße Mann jubelt über die Fertigstellung der ersten transkontinentalen Eisenbahn. Aus: Christian Wolmar, Blood, Iron & Gold. London 2009

Abbildung 37: Auf dem Foto von A. J. Russell sind keine Chinesen zu sehen, die einen Großteil der einfachen Arbeiter stellten und viele Opfer brachten

Zu den Einzelkämpfern, die in die Luft gehen wollten und die vor Chanutes Anstrengungen tätig geworden waren, gehörte auch der 1832 in Virginia geborene Frank Barnett aus Keokuk in Iowa. Der 12 000 Einwohner zählende Ort war eine wichtige Station für die Dampfschiffe des Mississippi und liegt an der jährlichen Flugroute der Schneegänse Alaskas. Sein Konzept eines Riesendrachens mit dem Aussehen eines fliegenden Vogels, zwei Propellern und einem Rumpf auf Rädern enthielt schon viele Attribute späterer Flugzeuge. Es sollte auf einer schiefen Ebene gestartet werden und den Flug propellergetrieben fortsetzen.[53] In einem Artikel des *The Garland globe* (Utah) vom 19.12.1908 schilderte er unter der Überschrift »Aeroplane Pioneer Frank Barnett Enters a Machine for Mechanical Flight at the Iowa State Fair Thirty-Eight Years Ago«, wie er in dieser Landwirtschaftsausstellung von Tomaten, Gemüse und Zwiebeln in Keokuk seine Maschine für mechanischen Flug unter großer öffentlicher Aufmerksamkeit bestiegen, aber nicht geflogen hat.

Das patentierte Fluggerät war also nicht sein erster Versuch und er wird auch danach weitermachen. Barnett hatte sich »animal mechanism« von Marey besorgen können, das 1879 in New York auf Englisch erschienen war, und sich auch mit der Physiologie des Fliegens beschäftigt. In einem Interview in *Monticello NY Republican Watchman* 1882 war er Feuer und Flamme. Mechanischer Flug sei genau so perfekt möglich wie Eisenbahn Fahren, wenn man alle mechanischen Elemente korrekt zusammenführe. Dazu zählte er V-förmige Flügel, die ihre Stabilität nicht verlieren und Propeller, die ihre Arbeit überall leisten, an Land, auf dem Wasser und in der Luft und Gefährte vorwärts treiben (»Air Going«, 1882-83, Fulton History). Er habe, sagte er 25 Jahre später, in der Zeitung *The weekly Gate City*, in *The daily Gate City* von Keokuk und in nicht näher spezifizierten wissenschaftlichen Zeitschriften immer wieder über seine Experimente berichtet. Seine Vorstellung einer Maschine »of the same general type« wie die der Gebrüder Wright sei am 17.10.1897 mit Holzschnitten in der Zeitung veröffentlicht worden. Er hat dem Reporter die Zeitung gezeigt, aber der hat ihren Namen nicht festgehalten *(The Garland globe* 19.12.1908). Seit 1893 wohnte er in Kansas City. Barnett könnte Lokführer und später Detektiv für die *Missouri Pacific Railroad* gewesen sein, als die bandenmäßigen Überfälle auf Züge zunahmen und die Bahngesellschaften bewaffnete Agenten mitfahren ließen.[54]

Mit dem extrovertierten Barnett begann in den USA so etwas wie eine öffentliche Kampagne für den Flug schwerer als Luft, die die Enthusiasten allmählich aus der Spinnerecke in das Zentrum mechanischen Interesses und in einen wohlwollenden Blick der Öffentlichkeit rückten. Eine wichtige Rolle spielte dabei der exzentrische Herausgeber des *New York Herald*, James Gordon Bennett junior, der 1869 mit der Finanzierung der Afrikaexpedition Henry Morton Stanleys zur Suche von David Livingston im Austausch für exklusive Berichterstattung den *New York Herald* zu einem international beachteten Blatt gemacht hatte. Anfang der 1880er Jahre gab Bennett dem Erfinder Thomas Alva Edison 1 000 $ für Experimente, die die Möglichkeit des Fliegens abschätzen sollten. Chanute erwähnt Edisons Versuche mit von

Elektromotoren angetriebenen Propellern, die er in einem Interview des *New York Herald* im Mai 1880 zusammen mit einer Skizze des Apparates gesehen hatte. Der Rechnungsführer der Zeitung, William Abner Eddy (1850-1909), war ebenso flugbegeistert. Er maß mit Drachen Temperaturen und Windgeschwindigkeiten und verbesserte sie nach dem uralten Vorbild javanischer Drachen.

In San Francisco hatte der Herausgeber des *San Francisco News Letter* und Mitglied der *Aeronautical Society of Great Britain*, Frederick Marriott, gerade mit der Propaganda für seinen eigenen Dreifachdecker, die *Leland Stanford*, begonnen, nachdem er jahrzehntelang an der Weiterentwicklung von Ballons gearbeitet und mit phantastischen Geschichten möglicher und unmöglicher Flugreisen, darunter von Edgar Allan Poe und Jules Verne, die Begeisterung seiner Leser geschürt hatte. Die Medien waren jetzt aufmerksam und Ingenieure bearbeiteten das Problem. Marriott hatte wie so viele in den USA des 19. Jahrhunderts noch eigene Lebenserfahrung in Europa mitgebracht, die June Morrall anschaulich schildert:

»In seiner Jugend reiste Marriott als Angestellter der *East India* Company von England nach Indien. Nach Rückkehr in seine Heimat ermöglichte ihm seine reiche Frau Investitionen in verschiedene Unternehmen, von denen viele Pleite gingen. Er verlegte sich schließlich auf eine journalistische Karriere, half bei der Gründung der *Illustrated London News*, die für ihre getreuen Abbildungen und die neuesten wissenschaftlichen Errungenschaften bekannt war, einschließlich der Erfindungen mechanischer Ballons (die Zeitung, die 1863 einen Bildbericht der gescheiterten Ballonfahrt des *Géant* veröffentlicht hat. H.V.). Um 1840 landete er mit seiner Vision von Fluggeräten im Königreich der »science fiction«. Ebenso phantasievoll waren die Namen seiner wunderlichen Luftfahrzeuge: »Blazing Comet« (Bahnbrechender Komet), »Lively Sal« (Lebendiges Salz in Abwandlung von »sal volatile«, flüchtiges Salz), und »High Flyer«. Marriotts Flugmanie wurde von einer erstaunlichen fliegerischen Heldentat genährt, die der *New York Sun* 1844 publizierte und ankündigte, dass der Ballon *Victoria* den Atlantischen Ozean in drei Tagen überquert habe (derselbe, der in Jules Vernes Roman Afrika überfliegen wird. H.V.). Erst später wurde enthüllt, dass der Zeitungsbericht der *New York Sun* reine Fiktion war, dick angereichert mit wissenschaftlichen Daten. Der »Balloon Hoax« war das kreative Werk eines bald berühmten Autors Edgar Allan Poe. Obwohl er voller Träume war, seine eigene Maschine zu fliegen, reiste Marriott zum Goldgraben via Kap Horn nach San Francisco. Statt dessen reüssierte er als Banker, indem er in San Francisco Grundbesitzanleihen aus einem Zeltbüro heraus verkaufte. Den Profit steckte er in den Bau eines eigenen Dampfmaschinen getriebenen Leichter-als-Luft-Ballons, den *Avitor* (Abbildung 38a und 38b) . Er schloss sein Bankgeschäft, griff auf sein journalistisches Talent zurück und gründete 1856 den witzigen *San Francisco Newsletter*«.[55]

Mit dem 1819 in Tain in Schottland geborenen und 1895 in New York gestorbenen Richard Dudgeon flossen ganz andere europäische Erfahrungen in die USA ein und verknüpften die finstere Geschichte der »Highland Clea-

Abbildung 38a: Der *Avitor Hermes Junior* im Juli 1869. Marriott organisierte mit dem gelungenen Rundflug von einer Meile, bei dem dieser Zwitter aus Ballon und Vogel an Seilen wie ein Pferd im Hippodrom herumgeführt wurde, ein beispielloses Presseecho einschließlich eines Aufrufs von Mark Twain in der *Daily Alta California* vom 1.8.1869. Der *Avitor* wurde von einer ein PS starken Dampfmaschine angetrieben. San Francisco Museum

Abbildung 38 b: Der glatt gestylte *Avitor* in einem Werbeplakat der *The Aerial steam Navigation Company*, die Marriott 1866 mit dem Ziel einer Fluglinie von San Francisco nach New York gegründet hatte. Hiller Aviation Museum

rance« in Schottland hinter dem Rücken der Beteiligten mit der Geschichte der Luftfahrt. Von dort war Dudgeon in jungen Jahren mit seiner Familie in die USA ausgewandert, hatte eine Lehrstelle bei den *Allaire Iron Works* gefunden, der damals angesehensten Maschinenfabrik der USA, und sich 1849 selbständig gemacht. Mit hydraulischen Winden, dampfgetriebenen Stahlhämmern und einem straßengängigen Dampffahrzeug (steam roller) wurde er ein bekannter und reicher Mann. Sein Geburtsort Tain liegt 20 km Luftlinie südlich von *Dunrobin Castle* an der Ostküste der Highlands, einem der Sitze des Duke of Sutherland und später Endstation seiner Eisenbahn (Abbildung 39). Zwischen 1811 und 1820 vertrieben der 1st Duke of Sutherland, der Großvater des Vizepräsidenten der *Aeronautical Society*, und seine Frau mit äußerster Brutalität Bauern aus ihren Dörfern in den Highlands an

Abbildung 39: Dunrobin Castle des Duke of Sutherland

die Küste, manchmal 2 000 Familien an einem einzigen Tag. Viele starben an Unterernährung oder erfroren, der Rest wurde für einen Hungerlohn zum gefährlichen Einsammeln von Tang an den Steilküsten eingesetzt, der als Dünger und verascht als Lieferant von Soda verkauft wurde. Die Herzogin brieflich an eine Freundin in England: »Die Schotten haben eine glücklichere Konstitution und werden nicht so fett wie die größere Brut der Tiere«. Auch unter dem Sohn gingen die Vertreibungen weiter, und Mitte der 30er Jahre wurden die halb Verhungerten von einem »Auswandererfieber« gepackt, wie diese Massenflucht von manchen Historikern verniedlichend genannt wird. Das Hochland war nun eine Wüstenei, frei von Menschen, aber voll von Schafen. Duke of Argyll, der Präsident der *Aeronautical Society*, rechtfertigte in seiner Autobiographie ein ähnliches Vorgehen mit der ökonomisch sinnvolleren Bewirtschaftung größerer Flächen.

Am 24. August 1877 meldet der *Brooklyn Daily Eagle*, dass eben dieser Mr. Dudgeon aus Peacock Point in Oyster Bay, Long Island, eine Flugmaschine baue, die er als eine der bemerkenswertesten Erfindungen dieser Zeit betrachte. Der Erfolg verwöhnte Dudgeon hatte gelernt, wie man die Trommel rührt. Es war eine dampfgetriebene Rotationsmaschine für zwei Propeller, die, von Gebläsen in Bewegung gesetzt, einen rund 18 mal 36 m^2 Drachen und zwei Personen mit Proviant in die Höhe liften sollten. »Wir können segeln und kreuzen genauso wie eine Yacht und durch Drehen des Drachens können wir beliebig steuern«. Dudgeon hat seine Versuche beendet, als er erkannte, dass die zu schweren Dampfmaschinen zu wenig Auftrieb pro Krafteinsatz produzierten.[56]

Auch der 1812 in Boston geborene John James Greenough verfolgte 1879 die Pläne seines »Aerobats« wegen des Fehlens eines passenden Motors nicht weiter.[57] Es war ein Drachen mit dem Aussehen eines Rochens und dem Schwanz einer Schwalbe, der mit zwei direkt und horizontal unter den Flügeln seilgetriebenen Windrädern den Auftrieb produzieren und mit starr abgehängter Gondel im Zentrum des Schwerpunkts das Gleichgewicht halten sollte. Als erfahrener Erfinder hatte er schon nach einigen vorbereitenden Experimenten erkannt, dass ohne einen leichten Motor nichts zu gewinnen war. Greenough hat in seinem langen Leben – er starb 1908 in Brooklyn – eine unglaubliche Vielfalt von Erfindungen patentieren lassen, darunter ein Schaltgetriebe, eine Nähmaschine (1842), Messgeräte für Stoffe, ein Werkzeug zum Polieren, Pferdebürsten, Verbesserungen des Webstuhls (1879) und im Alter von 87 Jahren eine Schnellfeuerpistole. Er beteiligte sich an der Entwicklung der ersten Elektro-Lokomotive, veröffentlichte 1841 »Information to Patentees and Persons interested in Patents«, war eine Zeitlang Superintendent des Patent Office in Washington (1837-1841), Herausgeber des *Grennough's American Polytechnicals Journal*, Washington (1853/54) und schrieb an seinem Lebensende noch ein Buch über den Ursprung übernatürlicher Konzepte (The origins of supranatural conceptions and development of religions from prehistoric times. Boston 1906). In dem dort veröffentlichten Foto blickt der alte Herr in vollem weißen Haar und Vollbart immer noch nachdenklich und interessiert in die Welt. Er gehörte zu diesen Umtriebigen, die die mobile Planwagengesellschaft verarmter Auswanderer in eine nicht nur technologische Supermacht verwandelten.

Der selbst ernannte »aeronautical engineer« Carl E. Myers (1842-1925) betrieb eine »Balloon Farm« in Francfort/New York, in der er Ballonaufstiege organisierte und Ballons ausrüstete und sich als Meteorologe und Fotograf betätigte. Er hatte schon damals die Idee, mit schwanzlosen Drachen Regen zu erzeugen, und machte mit ihnen in Texas Versuche, Dynamit in großer Höhe durch elektrische Zündung zur Explosion zu bringen.[58] Der Fahrradhändler und Erfinder eines Damenfahrrads Charles Duryea (1861-1938) schlug vor, Flugapparate von einem eine halbe Meile über dem Boden gefesselten Ballon aus zu testen, um die Luftströmungen in Erdnähe zu vermeiden, eine Methode, die auch Myers für seine Experimente mit Drachen angewandt hatte. Duryea wird in Springfield/Massachusetts 1893 zusammen mit seinem Bruder Frank der erste amerikanische Konstrukteur von Automobilen mit Verbrennungsmotor, dem einzylindrigen *Ladies Phaeton*, und von einer zweiten Version schon die ersten dreizehn in seiner *Duryea Motor Wagon Company* in Serie und nicht in Einzelanfertigung produzieren.

Mit der Überwindung der »Panic of 1873« und der Zunahme der Zahl der Mechaniker, die sich mit Fliegen beschäftigen, ist eine örtliche Konzentration auf die Ostküste zwischen New Jersey über New York nach Boston und auf eine Achse von Pittsburgh (*US Steel* wird um die Jahrhundertwende der Welt größtes Stahlwerk) über Dayton nach Chicago zu beobachten. In diesen nordöstlichen Regionen verlief die Bevölkerungsexplosion mit Abstand am schnellsten, dort lag das industrielle Herz der Vereinigten Staaten, in das weitere Millionen von Einwanderern aus Europa strömten und an vielen Orten die erschreckten Nachfahren der Pilgrim Fathers in die Minderheit drängten. Vehikel der industriellen Expansion war immer noch der Eisenbahnbau, begleitet von ungeheurer Korruption bis in höchste republikanische Regierungskreise des Bürgerkriegsgenerals Grant, von Massenelend und erbitterten Streiks, Mark Twains »gilded age« (vergoldete Zeit), außen hui und innen pfui. Die Suche nach dem großen Wurf, vergleichbar dem »big strike« der Goldsucher, erfasste eine unter Hochdruck stehende Gesellschaft, wie beim Fliegen: Durchstarten zum Höhenflug und in Turbulenzen abstürzen oder weiter steigen.

Am 26. Mai 1873, nur vier Monate vor dem großen Crash in den USA, war der irische geweihte Ordensbruder der *Christian Brothers* John Philip Holland (1841-1914) mit einem Entwurf für ein U-Boot in der Tasche von Liverpool aus in Boston gelandet, wohin vor einigen Jahren schon seine Mutter und seine Brüder ausgewandert waren. Holland wird Ideen aus dem U-Bootbau auf Fluggeräte übertragen. Die *Christian Brothers* waren eine noch junge Kongregation, die vor allem Schulen betrieben und verarmten oder verwaisten Kindern eine Ausbildung ermöglichten. Zu ihnen zählte John Philip nach dem Tod seines Vaters, eines Angestellten des *British Coast Guard Service* in Liscannor an der Westküste Irlands. Holland durchlief mit naturwissenschaftlich und an Mechanik interessierten Lehrern eine ganze Reihe dieser Schulen und wurde schließlich selbst Lehrer, zuletzt in Dundalk, 80 km nördlich von Dublin. Seine Beschäftigung mit U-Booten und für einige Zeit auch mit der Möglichkeit des Fliegens hatte einen politischen Hintergrund, der vom Hass gegen die Engländer angefacht worden war, den er im Rückblick in einem Interview mit *The Evening Star* (16.1.1900) nach Indienststellen seines U-Bootes aus seiner *Holland Torpedo Boat Company* durch die US-Marine so beschrieb:

> »Ich war Schullehrer in Cork, Irland, als sich Euer Bürgerkrieg entwickelte, und ca. zwei Wochen nach der Schlacht zwischen dem *Monitor* und der *Merrimac* (9.3.1862) hatte ich den starken Eindruck, dass die Tage hölzerner Wände für Kriegsschiffe vorbei waren und dass mit Eisen gepanzerte Schiffe für immer bleiben werden. Ich überlegte mir, dass England mit seinen furchtbaren Möglichkeiten sie der Situation entsprechend anwenden und zur Haupt- Seemacht der Welt werden würde; und ich wollte wissen, wie es mit seinen Anschlägen auf die übrigen Völker der Erde gebremst werden könnte und wie sie sich vor solchen Anschlägen schützen würden«.

Diese Schlacht zweier Panzerschiffe in der Bucht von Hampton Road in Virginia hatte am ersten Tag unter der Beteiligung von herkömmlichen Segelschiffen der Nordstaaten begonnen, von denen zwei versenkt wurden, während die gepanzerte *Merrimack* kaum Schrammen abbekommen hatte. Am nächsten Tag brachte die *Union Navy* die eben erst fertiggestellte gepanzerte *Monitor* in Stellung. Beide Panzerschiffe blieben in dem dreistündigen Schusswechsel nahezu unbeschädigt. In unmittelbarer Folge stellten alle großen Schifffahrtsnationen der Welt den Bau hölzener Kriegsschiffe ein. Brother Philip wird mit seinen Entwürfen in den USA erst einmal nicht zum Zuge kommen und wieder eine Lehrerstelle an der *St. John's Parochial School* in Paterson, New Jersey, 30 km von New York, antreten, aber drei Jahre später machte er durch seinen Bruder Bekanntschaft mit der *Fenian Brotherhood*, einer 1858 in den USA gegründeten irischen Befreiungsorganisation. Sie finanzierte Holland die ersten drei seiner U-Boote. Das zweite, die *Fenian Ram*, wurde in den *Delamater Iron Works* in New York gebaut, die die *Monitor* des amerikanischen Bürgerkriegs in atemberaubend kurzer Zeit fertiggestellt hatte. Die *Feniam Ram* (Abbildung 40) konnte mit Hilfe eines Tiefenruders, das später auch im Flugzeugbau Verwendung fand, 18 m tief abtauchen. Die Fenians wollten sich britischen Schiffen bis auf 50 m nähern und sie mit einer Druckluftkanone versenken. Da Holland mit ihnen über die Gelder des Fonds in Streit geriet, entführten sie das Boot in einer Nacht- und Nebelaktion und ließen es, da sie es nicht bedienen konnten, in einem Schuppen verrotten.

Abbildung 40: Das U-Boot *Fenian Ram* des John Philip Holland von 1881 mit demoliertem Tiefenruder, nachdem es 25 Jahre in einem Schuppenversteck am *Mill River* in der Nähe von Long Island verrostete. Foto der *U.S. Navy* um 1920. Heute liegt das Boot im Paterson Museum, New Jersey

Holland hatte nun von den Fenians genug, nahm eine Stelle als technischer Zeichner an und verlegte sich eine Zeitlang auf Entwürfe von Fluggeräten, bis er mit Hilfe des Anwalts und Financiers Elihu B. Frost in seiner 1893 gegründeten *Holland Torpedo Boat Company* mit U-Booten weiter machte und 1900 sein erstes U-Boot, die SS Holland-1, an die US-Marine verkaufen konnte, Reichweite mit 50 PS Petroleummotor über Wasser 1600 km, Unterwasserantrieb mit akkumulatorgespeisten Elektromotoren, neun Mann Besatzung, zwei Torpedos.

»Die Schwierigkeiten der Navigation in der Luft und unter Wasser sind eindeutig analog und können mit denselben jetzt gut bekannten Mitteln kontrolliert werden. Wir wollen deshalb diese Mittel anwenden zusammen mit Rudern geringer Oberfläche, um so ein Stampfen (plunging) zu verhindern und eine zuverlässige Steuerung zu ermöglichen«.[59] »Stampfen« ist Seemannssprache, Flugpiloten sprechen von »Nicken«, eine Auf- und Abbewegung um die Querachse.

Der dazu vorgestellte Flugapparat sah aus wie ein Torpedo, über den sich eine Jalousie mit übereinander liegenden Lamellen erhob, mittig angetrieben von zwei übereinander in gegenläufiger Rotation agierenden Propellern. Der spätere Entwurf platzierte die Propeller nebeneinander. Die Flugzeuge wurden nie gebaut, aber allgemeine Überlegungen zur Stabilität zeigen eine hohe Sensibilität für das Problem. »Niemand wird das Risiko eingehen, sich im Interesse der Luftfahrt den Hals zu brechen.«[60] Hollands Entwürfe sind mit leichter Hand hingeworfen, nur oberflächlich durchgerechnet, und pauschal wird auf Langleys und Maxims Testergebnisse verwiesen, aber sie zeigen einmal mehr die enge Verflechtung von Schiffbau mit der Konstruktion von Flugzeugen. Jetzt waren sogar U-Boote Entwicklungshelfer für Flugzeuge geworden. Holland hat dafür, obwohl angekündigt, kein Patent beantragt.

Als sich Samuel Pierpont Langley (1834-1906) für den Bau von Flugmaschinen zu interessieren begann, war er ein anerkannter Astronom und der gefeierte Erbauer und Leiter des *Allegheny Observatory* in Pittsburgh und Professor der Physik und Astronomie an der *Western University of Pennsylvania.* Er hatte bis zu seinem 30. Lebensjahr als Ingenieur gearbeitet. Er war derjenige, den der eigentlich missglückte Vortrag Israel Lancasters über den Vogelflug vor der *American Association for the Advancement of Science* in Buffalo/New York 1886 keine Ruhe mehr ließ und hat seither experimentelle Daten gesammelt, indem er maschinengetriebene Modelle nach Katapultstart bis zu 1,5 km über den Pontomac fliegen ließ. Die Gebrüder Wright haben sich seine mit einem Dreharm gewonnenen Daten besorgt, aber bis zu ihren eigenen Testreihen mit denen für korrekt gehaltenen Lilienthals gearbeitet. Langley war der einzige Konstrukteur von Flugmodellen schwerer als Luft, der von einer Regierungsstelle hohe Summen zur Entwicklung eines bemannten Flugzeugs erhalten hat: 50000 $ vom Kriegsministerium und noch einmal 20000 $ vom der *Smithonian Institution*, dessen Sekretär er 1887 geworden war. Präsident Roosevelt persönlich soll sich für die Geldspritze eingesetzt haben. Aber der »Aerodrome« scheiterte kläglich. In den beiden letzten Versuchen am 8.12.1903 gelang nicht einmal der Start. Langley gab auf. Fünf Tage später hielten sich die Gebrüder Wright abwechselnd als erste 3 m über Grund mit 11 km/h maximal 61 m weit in der Luft. Die in eigener Fahrradwerkstatt gebaute Verbrennungsmaschine leistete 12 PS. Es war ihr eigenes Geld, das im Flugzeug steckte. Sie werden auch nach dem erfolgreichen Erstflug keines bekommen. Langleys Scheitern hatte ganze Arbeit geleistet, und sie waren ja nur kleine Fahrradmechaniker aus Dayton/Ohio, die man bis zu ihrem umjubelten Erfolg in Frankreich fünf Jahre lang als Lügner bezeichnete (lying brothers).

Hiram Stevens Maxim (1840-1916) hätte das Zeug fürs große Geld der Militärs gehabt, nachdem er für sie diese wunderbare Tötungsmaschine eines Maschinengewehrs entwickelt hatte, aber er brauchte keins und trommelte für seinen »first kite of war«, für den er in England bis zum Zeitpunkt des Interviews in der *New York Sun* im Mai 1891 schon 45000 $ ausgegeben haben wollte. Chanute beschäftigt sich auf 14 eng gedruckten Seiten ausführlich mit dieser Maschine, die Maxim in *Baldwyns Park* im Großraum von London baute. An ihr war nach damaligem Ermessen alles gigantisch, insbesondere die Hochdruckdampfmaschine von 300 PS mit unerreicht günstigem Gewicht pro PS und mit selbst regulierendem Generator, aufgeheizt durch 45 000 Düsen, durch das aus Petroleum gewonnene Gase schossen, und das Ganze zusammengehalten von 48 000 gelöteten Verbindungen. Der ausgestoßene Dampf sollte, um den Transport von Wasser zu minimieren, an einer großen Zahl sehr dünner Metallröhren kondensieren, die so angeordnet sein sollten, dass sie einen Großteil der Flügel ersetzen könnten. Die hinter den Flügeln angebrachten Propeller mit 5,45 m Durchmesser und der 15,2 x 17,6 m große Hauptflügel, eher eine Platte, vervollständigen die »colossal dimension of this flying machine«.(Chanute S. 237). Maxim schätzte alleine die Kosten für weitere Experimente auf 50 000 bis 100 000 $. Die Flugzeugindustrie wird sich an noch ganz andere Größenordnungen gewöhnen. Maxim hat aber schon einmal vorgemacht, wohin die Entwicklung geht. Typisch amerikanisch, wenn es nicht ein Vorurteil und im Falle Maxims nach seinem Umzug nach London 1881 nicht ganz zutreffend wäre. Das amerikanisch-englische Ungetüm machte letztlich nur einen unbedeutenden Hopser.

Die Amerikaner waren zwar spät, aber hoch konzentriert eingestiegen. Der Netzwerker und genau sortierende Chanute hatte diesen Schub ausgelöst, die Blicke auf die wunden Punkte gelegt und diejenigen hervorgehoben, die sich in der Art von Ingenieuren mit wichtigen Detailfragen beschäftigten und experimentierten. Zu ihnen zählte er auch Edward Chalmers Huffaker, den Mathematiker, Physiker und Ingenieur aus Tennessee und zeitweise Mitarbeiter Langleys, der in Versuchen mit konkavo-konvexen Flügeln den Auftrieb gemessen hat und John Joseph Montgomery, den Physikprofessor aus Santa Clara in Kalifornien mit seinen Gleitversuchen, der 1911 mit seinem Segler abstürzen wird.

Als sich 1895 unter Federführung des Schuhfabrikanten James Means (1853-1920) als erste amerikanische die *Boston Aeronautical Society* gründete, war das kein voluntaristischer Akt eines politischen Establishment wie in Großbritannien 1866 oder ein Zusammenschluss von Enthusiasten jeglicher Couleur unter Leitung eines für Ballons verantwortlichen Militärs wie in Frankreich 1868, sondern die Konzentration erfahrener aeronautischer Experimentatoren auf den Flug schwerer als Luft, darunter zwei Professoren des *Massachusetts Institute of Technology* (M.I.T.), der Chemieingenieur Samuel Cabot und der »hydraulischen« Ingenieur der Bostoner Feuerwehr, Greely Stevenson Curtis. Meteorologen und Professoren der Astronomie vom *Blue Hill Observatory* ergänzten die gewichtige Runde. Einmalig in der Welt war der Ausschluss der Ballonfahrer. Die Mitgliederzahl war auf 20 begrenzt, die ihre Versuchsergebnisse in den monatlichen Treffen zur Diskussion stellen mussten, plus einige Ehrenmitglieder (Chanute, Langley, Marvin, Wenham, Hargrave, Huffaker). Die Handschrift Chanutes, der sich immer für die Offenlegung von Flugdaten eingesetzt hat, war unverkennbar. Die *Society* bildete einen Spendenfond, finanzierte eigene und zum Teil in gemein-

Sixième Année. — N° 292. Huit pages : CINQ centimes Dimanche 9 Septembre 1894.

Le Petit Parisien

TOUS LES JOURS
Le Petit Parisien
5 CENTIMES

SUPPLÉMENT LITTÉRAIRE ILLUSTRÉ

DIRECTION : 18, rue d'Enghien, PARIS

L'HOMME-VOLANT

Une Expérience Tragique

Abbildung 41: Otto Lilienthal hält sich an einer Dachrinne fest, ein Bild der Schadenfreude. Aus: *Le Petit Parisien* vom 9.9.1894

samer Anstrengung durchgeführte Experimente und hat Otto Lilienthal 1896 finanzielle Unterstützung angeboten, als ihn eines ihrer Mitglieder, der Chemieingenieur und Präsident der *Godfrey L. Cabot, Inc.*, Samuel Cabot, in Berlin besuchte. Das war schon ein offeneres, an der gemeinsamen Sache ohne sozialen Vorbehalt orientiertes Verhalten als das der *Société française de navigation aérienne* und ihres Präsidenten Hureau de Villeneuve gegenüber Biot 15 Jahre vorher (Abbildung 41). Samuel Cabot war der einzige unter den Mitgliedern, der zu einer Art Aristokratie Bostons gehörte, den *Boston Brahmins*. Sie waren die »first families of Boston«, der Adel Neuenglands, und leiteten ihre Abstammung von den ersten puritanischen Siedlern in Massachusetts ab. Sie bildeten eine Kaste, heirateten untereinander, besuchten die

Harvard University und stellten Präsidenten der USA. Cabot war Präsident einer Chemiefirma für Halbmetalle und Pharmazeutica, die große Ländereien mit Erdöl- und Erdgasvorkommen besaß. Er beobachtete Vögel und machte selbst Gleitversuche am Cap Code, einer langgestreckten Halbinsel in Massachusetts mit steil abfallenden Sanddünen. Das war ein früher Siedlungsort seiner Vorfahren, der Pilgerväter und Bestandteil ihrer *Plymouth Colony* des 17. Jahrhunderts.

Mitbegründer James Means verstand es hervorragend, die wichtigen Abhandlungen über den Flug schwerer als Luft im *The Aeronautical Annual Devoted to the Encouragement of Experiment with Aerial Machines and to the Advancement of the Science* in Amerika bekannt zu machen, unterhielt eine intensive Korrespondenz mit Lilienthal und versuchte ihn mit großem Einfühlungsvermögen für eine dreimonatige sportliche Instruktionsreise in die USA zu begeistern, bei der seine Schüler mit Lilienthals Segelflugapparat das Fliegen lernen sollten. Der Feuerwehringenieur Curtis ist extra nach Berlin gereist, um Lilienthals Apparat zu fliegen. Lilienthal hatte vor allem den Verkauf seines US-Patents für 7000 $ im Sinn, für den sich Means sogar in Anzeigen einsetzte und zur Propaganda einen ausführlichen Artikel Lilienthals publizierte. Man merkte ihm das Verkaufstalent eines Industriellen an, der Schuhe unter die Leute zu bringen hatte.[61]

Das Scheitern Langleys und der Patentkrieg der Gebrüder Wright hat dieser Entwicklung die Spitze abgebrochen. Die Flugeuphorie wird erst 1910 aus Frankreich wieder in die USA zurückschwappen. Diese Geschichte gehört aber nicht mehr zum Thema dieses Essays, in dem die Frage nach den Gründen für den großen zeitlichen Abstand zwischen den Ballonflügen der Montgolfiers und den Motorflügen der Wrights gestellt worden war.

Nachwort

Trotz militärischer Phantasien einzelner Erfinder und trotz des kolonialen Wettlaufs der Epoche wurde der Krieg nicht zum Vater des Flugzeugs. Der Krieg hat benutzt, was vorhanden war. Die Militärs des großen Abschlachtens konnten sich, abgesehen von ersten Bombenwürfen der Italiener aus gebrechlichen Fluggeräten bei der Besetzung Lybiens, mit der »Taktik der fünften Waffe« erst richtig anfreunden, als der Krieg begonnen hatte. Dann aber mutierten die wackeligen Kisten sehr schnell zu einem echten Flugzeug mit Maschinengewehr und Bombenabwurfvorrichtung, und »Schwärme von Kriegsvögeln« flogen sich gegenseitig zu Kleinholz.[62] Der wichtigste Promotor eines Fluges schwerer als Luft, Chanute, war ein Friedensengel und hat kriegerische Absichten in seinem Buch fast vollständig unterschlagen.

Der Urgroßvater des Flugzeugs war George Cayley. Er hatte keine direkten Nachahmer. Warum das so war, habe ich mit den Lebensbeschreibungen von Erfindern als ein kulturelles Phänomen zu erklären versucht, in dem die öffentliche Häme im Verein mit einer arroganten Haltung der offiziellen Wissenschaft ein Klima schaulustiger Schadenfreude geschaffen hat. Die Rolle hochkarätiger Physiker war auch nach ihren eigenen Maßstäben erbärmlich. Sie haben die Grundregeln, auf die sie seit Galilei und Newton so stolz gewesen waren, beim Fliegen außer Kraft gesetzt und vom Katheder herab entschieden. Sie haben gewusst, dass Vögel fliegen, aber sie haben mathematisch bewiesen, dass das unmöglich ist. Man greift sich an den Kopf und gibt dem Fotografen Nadar Recht. Die eigentliche Triebkraft für diese absurde Beweisführung ist schwer auszumachen. Wahrscheinlich haben sich diese im Olymp der Wissenschaften sonnenden Leute mit Newton im Kopf in einer unangreifbaren, Gott ähnlichen Position gesehen, in der sie meinten, alle Naturphänomene mit schlichten Rechenoperationen erfassen zu können. Sie haben gläubig negiert, dass auch ihre verehrten Naturgesetze aus experimentellen Daten abgeleitet waren, wie es Galilei mit Fallversuchen und rollenden Kugeln auf der schiefen Ebene vorgemacht hat. Galilei wusste vor den Versuchen nicht, wie schnell die Kugel fällt und rollt, die Herren der französischen Akademie aber erlaubten es sich, mit ungeprüften Vorannahmen die beim Flug auftretenden Kräfte am Schreibtisch zu berechnen, mit der Gänsefeder in der Hand und ohne aus dem Fenster zu schauen.

Es ist daher von heute aus gesehen leicht, sich über die strampelnden Dilettanten zu ergötzen, die ihren Traum verwirklichen wollten. Sie konnten nicht da weitermachen, wo Cayley begonnen hat, denn das mathematische Handwerkszeug eines Ingenieurs war ihnen fremd. Sie haben einfach gebastelt, um es den Vögeln gleich zu tun. Die Ergebnisse waren meist flatternde Geräte, die sich so hilflos wie ein Huhn erheben wollten. Aber sie haben geschafft, was nicht zu unterschätzen ist: der für widernatürlich gehaltene Traum lebte in feindlicher Umgebung fort. Ihr Wagnis wurde nie belohnt. Alle Versuche, Kapital mit vollmundigen Versprechungen diverser *Aerial Transit Compa-*

nies einzusammeln, scheiterten kläglich oder tragisch. Der Kapitalist kam nicht. Seine Gelder steckten in den Profiterwartungen der Eisenbahnen. Profitversprechen aus dem Flugzeugbau blieben noch lange Traumtänzereien mit ungedeckten Schecks.

Die ins Projekt eingestiegenen Ingenieure hatten ihrerseits unvorhergesehene Probleme. Ihre Berechnungen stimmten nicht mit den experimentellen Ergebnissen überein. Aber anders als die Akademiker fragten sie sich, weshalb das so war. Manche versuchten es mit höherer Mathematik und scheiterten, andere verfeinerten Versuchsmethoden und erkannten, dass mit Newtons Vorgaben alleine nicht mehr klar zu kommen war. Sie bastelten wie es Ingenieure zu tun pflegen, vertieften sich in Details des Antriebs, der Steuerung, der Flügelform und erkannten entscheidende Parameter wie Gleichgewicht und Abhängigkeit des Auftriebs von der relativen Windgeschwindigkeit. Da war es dann nur noch eine Frage der Zeit, bis die erste Maschine abheben konnte.

Der Umschwung vom Basteln auf zielgerichtetes Ingenieurshandeln erfolgte in den 1860er Jahren mit atemberaubender Geschwindigkeit. Vorher eine Spinnerei, war das Fliegen schwerer als Luft jetzt zu einer ernst zu nehmenden Angelegenheit sehr einflussreicher Kreise des britischen Empire geworden. Dieser bisher gänzlich unterbelichtete Aspekt einer Geschichte der Luftfahrt erschloss sich nicht aus den Biographien der Erfinder, sondern aus denen der Mitglieder der *Aeronautical Society*. Ich habe die Ursachen für die Sturzgeburt vor allem an Indien festgemacht, weil das die Köpfe der Beteiligten beherrschte, als sie die besten Ingenieure Großbritanniens ins Projekt hineinzogen. Wie wir aus dem weiteren Verlauf wissen, ist es bei Indien nicht geblieben. Gegen die Wucht des geballten Einsatzes technischer Erfahrung und politischen Willens wirkte der französische Nachfolger, trotz einiger Glanzleistungen einzelner Erfinder, blass – vom offiziellen Deutschland ganz zu schweigen, das sich mehr noch als Frankreich auf die Entwicklung lenkbarer Ballons konzentrierte.

Zwanzig Jahre nach den Gründungen der Gesellschaften waren viele ihrer treibenden Kräfte abgetreten, es machte sich Ernüchterung breit. So schnell, wie gedacht, ging es nicht nach oben. Chanutes Überblick über bisher Erreichtes, sein Versuch, die isoliert voneinander tätig gewordenen Konstrukteure über alle nationalen Grenzen hinweg direkt miteinander in Kontakt zu bringen, hat den neuen Anlauf ermöglicht, der die Wrights schließlich wenigstens drei Meter über den Boden hob. Bis sich die imperialen Phantasien der Gründer der *Aeronautical Society* in der Luft austoben konnten, war es noch ein weiter Weg. Frieden jedenfalls brachte die Lufthoheit dann nicht. Warum auch.

Johann Gottfried Zeidler aus Halle wusste schon 1710, worauf die ganze Fliegerei hinausläuft, als er den möglicherweise fiktiven Schlosser Johann Gabriel Illing einen »Schwingeflieger in Vogelgestalt« bauen ließ:

»Betrachten wir aber im Gegenteile allen Schaden, alle Gefahren und alles Unglück, so das menschliche Geschlecht von der Fliegekunst, wenn sie gemein würde, unfehlbar zu erwarten würde, so stehn einem billig die Haare zu Berge ... Zweitens würde es auch an Lufträubern und Luftkriegen nicht fehlen, die viel schlimmer sein würden als die zu Lande ... Drittens, es würde kein Land noch Stadt vor feindlichen Überfällen von oben herab eine Stunde sicher sein ... Fünftens, man würde dahero ständig streitende Parteien mit großen Kosten in der Luft auch in Friedenszeiten halten müssen. Sechstens würden wir Europäer über alle vorigen noch mehr Sünden auf uns laden in Bezwingung der bisher unbekannten Länder und Verführung der klugen und frommen Heiden, denn wo wir hinkommen, da ist's gut gewesen ...« (Fliegender Wandersmann oder philosophische Untersuchung der Fliegekunst).

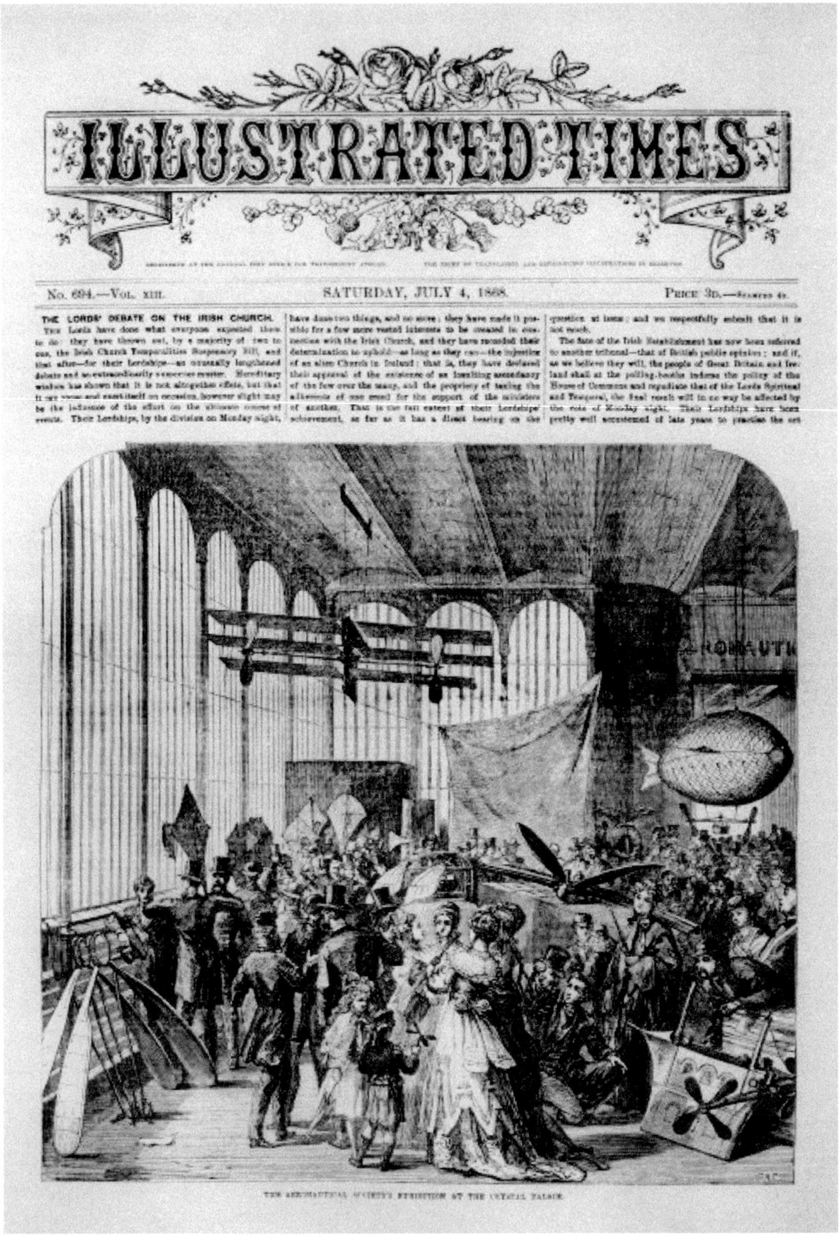

ILLUSTRATED TIMES

No. 694.—Vol. XIII. | SATURDAY, JULY 4, 1868. | Price 3d.—Stamped 4d.

THE LORDS' DEBATE ON THE IRISH CHURCH.

THE Lords have done what everyone expected them to do: they have thrown out, by a majority of two to one, the Irish Church Temporalities Suspensory Bill; and that after—for their Lordships—an unusually lengthened debate and an extraordinarily [illegible] muster. Hereditary wisdom has shown that it is not altogether effete, but that it can rouse and exert itself on occasion, however slight may be the influence of the effort on the ultimate course of events. Their Lordships, by the division on Monday night, have done two things, and no more; they have made it possible for a few more vested interests to be created in connection with the Irish Church, and they have recorded their determination to uphold—as long as they can—the injustice of an alien Church in Ireland; that is, they have declared their approval of the existence of an insulting ascendancy of the few over the many, and the propriety of taxing the adherents of one creed for the support of the ministers of another. That is the full extent of their Lordships' achievement, as far as it has a direct bearing on the question at issue; and we respectfully submit that it is not much.

The fate of the Irish Establishment has now been referred to another tribunal—that of British public opinion; and if, as we believe they will, the people of Great Britain and Ireland shall at the polling-booths indorse the policy of the House of Commons and repudiate that of the Lords Spiritual and Temporal, the final result will in no way be affected by the vote of Monday night. Their Lordships have been pretty well accustomed of late years to practise the art

THE AERONAUTICAL SOCIETY'S EXHIBITION AT THE CRYSTAL PALACE.

Abbildung 42: Die erste Seite der *Illustrated Times* vom 4.7.1868 mit der Austellung der *Aeronautical Society* im *Crystal Palace*, London

Biographien

Die Erfinder von Flugapparaten, die Chanute für die Zeit zwischen den Montgolfiers und den Wrights genannt hat, werden hier in einigen Fällen erstmals als Personen fassbar oder schlüpfen nach der Korrektur einer fehlerhaften Zuordnung in eine andere Identität. Nicht immer gelang ein endgültiger Beweis. Ich habe in solchen Fällen die in die engere Wahl fallenden Personen als Hilfe für weitere Untersuchungen angegeben. Bereits im Text Referierte werden nur durch Quellenangaben ergänzt und mit dem Hinweis »S. …« versehen. Bei den allseits Bekannten genügten wenige Angaben, dies hier soll eine Fundgrube für bisher Unbekanntes sein. Deutsche Erfinder sind unterrepräsentiert, weil Chanute kein Deutsch verstand.

In Klammern genannte Seitenzahlen folgen dem faksimilierten Reprint von »Progress in Flying Machines«, Dover Publications Inc. Mineola, New York 1997.

Die Namen innerhalb der drei folgenden Listen sind alphabetisch geordnet: 1. Chanute, »Progress in Flying Machines«, 2. Mitglieder der *Aeronautical Society*, 3. Mitglieder der *Société française de navigation aérienne.*

Clément Ader (1841-1925). S. 61
(211)

James Armour. Ingenieur. Aus Gateshead im Nordosten Englands, um die Mitte des 19. Jahrhunderts die Stadt, in der transatlantische Kabel produziert wurden. Seit 1872 Mitglied der *Aeronautical Society*. 1873 und 1874 im *Annual Report* »Wing for man«. Das britische Patent No. 14038 eines Fluggerätes aus starren und oszillierenden Flügeln ist aus dem Jahr 1884 (nicht 1848!). *Stephen Southern & James Armour* waren 1848 die Besitzer des Schleppers *George and Jane*. 1869 firmierte Armour als Boatman, Jollenführer in Newcastle. *(*161)

Frederick Dicas Artingstall (1810-1877). S. 10
Nannte sich auch »Arstall« und wurde als solcher in Liverpool getauft. »Balance maker« (Waagenfabrikant), bzw. »Scale beam maker« (Waagebalkenhersteller) aus Manchester, Bradshaw Street (A.D. Morrison-Low, Making scientific instruments in the Industrial Revolution. 2007, S. 69, 336). 1876 das Patent No. 4600 für »improvement of spring balances« in *London Gazette* 15.12.1876. Mitglied der *Aeronautical Society* mit folgenden Beiträgen: Experiment with an engine and wings attached to the end of a movable steam pipe. Second *Annual Report of the Aëronautical Society*, 1867. The flight of birds. Second *Annual Report* 1867 und Eighth *Annual Report* 1873. Projectile force of a bird. Fifth *Annual Report* 1870. Correspondence between F D Artingstall of Collyhurst/ Manchester and the Duke of Argyll,

relating to the *Aeronautical Society of Great Britain*, 1866-1868. (ref M214). The Manchester Room@City Library. (24)

Jean-Baptiste Aubaud. Landvermesser (géomètre arpenteur) aus la Mure / Isère. Wohnte zwischen 1830 und 1832 in Paris. Dort ein Patent für einen mit Kohle zu befeuernden Kupferofen in Bäckereien. Dasselbe für England und die USA. Das Patent für einen Zwitter zwischen Helikopter und Ornithopter (Brévet No. 12610 am 20.1.1852). (52, 87)

Matthias Harvey Baldwin (1827-91). Architekt in Memphis / Tennessee. He practiced on his own and in partnership as part of Morgan & Baldwin from 1859 and with E.C. Jones (Edward Culliatt Jones) as part of *Jones & Baldwin*. Nicholas J. Clayton worked at *Baldwin & Jones* (Wikipedia). US Patent No. 423, 980. vom 25.3.1890 für einen Aerostat mit gefiederten Schraubenflügeln. (33)

Frank Barnett. S. 86
(134)

Albert Bazin (1854-1923). S. 60
Schon in *L'Aéronaute* 1871/01 wird von dem Projekt eines elektrischen Telegraphen berichtet, den er für Ballonfahrten vorgesehen hatte. 1899 wird er beigeordnetes Mitglied der *Société*. In der *Revue scientific* vom 17. und 24.6. 1905 seine Theorie des Segelfluges. Bis 1910 verschiedene Modelle von doppelflügeligen Drachen, Segelfliegern und Ornithoptern (»l'Aéroplane à ailes battentes« in *L'Aérophile* 1.1.1908). »Essais pratiques d'aviation«. Martigues, 1901. Typewritten. Chanute interessiert sich für seinen »Bi-Polar« kite. (185)

William Beeson. S. 84
Patente: Schwimmapparat July 5, 1881 U.S. Patent Number: 243,834 vom 5.7.1881. Glider US Pat. 376937 vom 24.1.1888. (163)

François Bienvenu (1758-1831) S. 47
Aus Sainte – Maure en Touraine bei Tours. Vater Viehhändler. Quellen: *Instruction sur la nouvelle Machine inventé par MM. Launoy, Naturaliste, & Bienvenu, Machiniste-Physicien, qui a été annoncée dans le Journal de Paris, le 19 Avril 1784*, s.l., 1784 avec fig. (BnF , VZ 2119). Patrice Bret, Un bateleur de la science: Le »machiniste-physicien« François Bienvenu et la diffusion de Franklin et Lavoisier. In *Revolution françaises* Oct-Dec. 2004, S. 388. (49)

(Félix) Gaston Biot (20.8.1842 in Mans (Sarthe) – ?) S. 61
(178)

Jean-Jacques Bourcart (1835-1912). Ingenieur. Die Familie betrieb eine große Baumwollspinnerei in Guebwiller, verbandelt mit Schlumberger. Schon der

Vater ein Sozialreformer, der die Kinderarbeit begrenzte. Der Sohn Jean-Jacques engagierte sich für die Schulbildung der Arbeiter und ihren Unfallschutz, für einen »Crédit mutuelle« (Kredit auf Gegenseitigkeit), war Mitglied der *Société industrielle de Mulhouse* und gilt zusammen mit Arweg Emminghaus und Max Haushofer als Wegbereiter der modernen Betriebswirtschaftslehre. Er unterstützte den in Not geratenen Henri Dunant, den späteren Gründer des Roten Kreuzes. Für seinen Betrieb entwarf er Pläne einer autarken Stromversorgung, entwickelte einen Wasserzähler und eine spiralförmige Riemenscheibe. (Bulletin der *Société industrielle* T. XXXV, Januar 1865 und T. XXXIX, Juli 1867 und T. XLIV, April/Mai 1874)

Erwähnungen in *L'Aéronaute*: Bourcart setzte eine Preis von 5 000 Francs für denjenigen jedweder Nationalität aus, der 20 Minuten sicher fliegen und am vorgezeichneten Punkt landen kann (1868/05, S. 22), und teilte mit, er habe einen von Menschenkraft angetriebenen mechanischen Vogel konstruiert (S. 30). Mitglied in der *Société Aéronautique et Météorologique de France*« (1870/05, S. 195). Experimente, um die Kraft der Luft festzustellen, hier: beim Blasen durch einen Tubus gelingt es nicht, eine Münze nach außen zu befördern, wenn man nicht zu blasen aufhört (1873/12, S. 223).

1866 eine Tafel mit Abbildungen: »Aviation, études, essais et inventions qui, sans résourdre le problème de l'aviation, ont pourtant donné des résultats intéresssants et encourageants à l'auteur« (Luftfahrt, Studien, Versuche und Erfindungen, die dem Autor dennoch, ohne das Problem der Luftfahrt zu lösen, interessante und ermutigende Ergebnisse lieferten). Daraus hat Chanute die Abbildung eines Flugapparats mit Tretmechanismus entnommen. (15)

John Bourne. S. 20, 23
Einer der einflussreichsten Ingenieure der Viktorianischen Ära. Er experimentierte seit 1843 mit Propellern. 1852 dann »A Treatise on the Screw Propeller With Various Suggestions For Improvement«. London. Um die Jahrhundertmitte waren ernsthafte Versuche im Gange, den Raddampfer abzulösen. Bournes Veröffentlichung ist nur eine von vielen Traktaten, aber bei ihm wird der Propellereinsatz zu einem universellen Mittel, das den Flug einschließt. Darüber in *The Artizan* eine lebhafte, jahrelange Diskussion. Diese Monatszeitschrift war von Bourne initiiert worden und diente ihm auch zur Präsentation seiner Erfindungen.

1846 veröffentlichte er sein Standardwerk »Treatise of the steam engine in its application to mines, mills, steam navigation, and railways«, das unter leicht abgewandeltem Titel und Hinzufügen der Landwirtschaft bis Ende der 70er Jahre zahllose Auflagen erlebte, und zum grundlegenden Lehrbuch der Ingenieurswissenschaften avancierte. Bourne wurde zu einem gefragten Berater von Politikern bei Dampfbooten für Indien, beim Schiffsantrieb mit Propellern für die *Great Eastern* zur Fahrt nach Australien (*Times*, 3.2.1853), bei der Anordnung der Geschütztürme für die britische Marine. Er machte Vorschläge für Schiffbaumaschinen und zur Regulierung der Geschwindigkeit von Lokomotiven und der Kraft von Dampfmaschinen (*London Gazette*

8.11.1870). Mitglied in der *Aeronautical Society* (als John Fred. Bourne, Louth, and *Civil Service Club*). Chanute erwähnt seine Aussage, dass für den Flug die richtige Kraftmaschine gefunden werde müsse. (51)

Edward S. Boynton. S. 37, 45
Die *Campbell Printing Press*, die seit 1866 in Brooklyn Druckmaschinen für Zeitungen produzierte, war ein innovativer Bertrieb des Andrew Campbell und erhielt rund 50 Patente, zwei davon 1887 und 1889 für wrenches (Schraubenschlüssel) des Edward S. Boynton (Elisabeth M. Harris, Personal Impressions. The small printing press in Nineteenth Century America. Boston and London 2004). Bereits 1871 hatte Boynton ein Patent für eine lithografische Rotationsdruckmaschine erhalten. Am 30.5.1893 dann das US-Patent No. 498,379 auf Spielzeugdrachen mit Kiel. (184)

Bréant. Drechsler (tourneur) aus Pantin / Seine.
Sein Patent: Brévet No. 19923 am 17.7.1854 für einen »Aérostat« bzw. »Appareil aérien«. Von ihm gibt es praktisch keine Spuren. Gabriel de la Landelle erwähnt 1863 in »Aviation ou Navigation Aérienne sans Ballons« einen M.B., der der *Société pour l'encouragement de navigation aérienne* einen untauglichen Entwurf eines Flugapparates zugeschickt habe, als Beispiel für die Untauglichkeit vieler Versuche. Ist das Monsieur Bréant? Sein Flugapparat lebte hartnäckig weiter, weil er zu denjenigen zählt, die Dieuaide in seiner Präsentationstafel aufgenommen hat. Es könnte sich um Jules Bréant, vielleicht dessen Vater oder Bruder handeln, der von 1888-1894 in Pantin in der rue de la Cristallerie No. 5 nachweisbar ist, wo er eine Maçonnerie (Baugeschäft) betrieb und alles Mögliche bis zu Abbrucharbeiten anbot. Er ist wahrscheinlich um 1894 gestorben, denn seine Witwe hat noch ein Patent für ein Kellergewölbe erhalten (*Bulletin des lois* 1894/01). (21)

Frederick William Brearey (1816-96). S. 27, 72
Der langjährige *Honory Secretary* der *Aeronautical Society* 1866-93 und ihr Mitbegründer. Versicherungskaufmann aus Blackheath, County of Kent (Greater London). In den Proceedings der *Lewisham and Blackheath Scientific Association* 1879 wird er bei einem Vortrag über »birdslike flight« als esq. geführt, war aber wahrscheinlich kein Mitglied. Als Betreiber eines Instituts zum Auffinden von Adressen und der *Goodwin Sands Refuge Society* (Gesellschaft zur Rettung Schiffbrüchiger dieser Sandbank vor Kent) 1855 im Schuldturm. 1854 Autor von »Suggestions for the formation of two assurance offices, upon novel principles«. Als er danach in Greenwich / Kent wohnte, war er »Superintendent of Agents to the *Mercantile Provident Assurance Association*«. Er geriet wohl in den Strudel zahlreicher Versicherungspleiten seit Mitte der 50er Jahre. 1862 ein Patent für »medicated cups«.

Im *Annual Report* 1866 »Some observations upon the possible attainment of aerial flight«. Das britische Patent für seinen Flugapparat ist von 1879, das deutsche Patent No. 11881 vom 6.5.1880. 1890/91 schrieb er Briefe an Wright (*www.search.sutherlandcollection.org.uk)*, die seine Enttäuschung über fehlende gehaltvolle Papiere bei den Treffen der *Society* dokumentieren. Z. Zt. würde er die Versammlungen nur abhalten, um die Gesellschaft am Leben zu erhalten (das ist den *Annuals Reports* dieser Jahre anzusehen). Chanute erwähnt noch das US-Patent von 1885 und beschreibt Breareys Gerät als besonders interessanten Versuch eines Ornithopters mit flexiblen Flügeln.

Breareys Vater war mit George Cayley befreundet, und er wird wohl dessen Enkel George John Cayley gekannt haben, der um die 1850er Jahre mit seinem Großvater Experimente mit Flügeln an Dreharmen durchführte, Journalist im Krimkrieg wurde und den Ruf eines Metallarbeiters mit linken politischen Tendenzen genoss. Der Vater George John Cayleys, Edward Stillingfield Cayley, heiratete 1823 seine Cousine Emma Cayley, die Tochter von George Cayley, deshalb war George John Cayley trotz des gleichen Namens über die Mutter sein Enkel. Stillingfield war von 1832 bis zu seinem Tod 1862 liberales Miglied des Parlaments und als solcher sicher mit dem 8th Duke of Argyll bekannt. Der 7th Duke hatte mit George Cayley 1831 in York die *British Association for the advancement of science* aus der Taufe gehoben. (143)

Jules Bretonnière. Ingenieur, »Conducteur principal des Ponts et Chaussées« in Phillippeville / Algerien (heute Skikda), d.h. Hauptverantwortlicher für den Brücken- und Straßenbau. Nach einem Brief aus Constantine / Algerien 1889 im Ruhestand (*L'Aéronaute* 1900/01). Er dürfte vor allem mit dem Hafenbau und dem Bau der Eisenbahnstrecke zwischen Constantine und Phillippeville befasst gewesen sein. Die Resultate seiner Beobachtungen des Segelfluges in Constantine wurden erstmals 1889/09 in *L'Aéronaute* veröffentlicht und in den folgenden Jahren mehrmals wieder aufgegriffen. Als Sonderdruck »Le vol plané«. Paris 1909. (190)

Henry Bright. S. 21, 51
Aus Burton-crescent, county of middlesex (heute ein Teil Londons), Sandwich Street. 1859 Im *Chronicle all index patent* wird sein Patent No. 2330 vom 12.10.1859 für einen »counterrotating helicopter« unter »daft«, verrückt, eingeordnet. Ein angebliches US- Patent findet sich nur auf einer PDF-Liste unklarer Herkunft. 1864 berichtet die *Revue de Paris*, Henri (!) Bright habe seinen Helikopter 1859 in London ausgestellt. Weitere Erwähnungen in »Specifications of Henry Bright Aerial machines«, London 1860, erschienen bei den Royal Printers George Edward Eyre und William Spottiswoode, (nach Jules Duhem, Histoire des Origines du Vol à Reaction, S. 137), und in J.E. Hodgdon, A History of Aeronautics in Great Britain, Oxford 1924, S. 365. Die *London Gazette* vom 2.11.1860 meldet unter gleicher Adresse ein weiteres Patent für Henry Bright, »cutwater for ships«, eine Verstärkung des Bugs zum Schutz bei Unfällen.

Unter den vielen Henry Brights käme aus dem im Text Referierten noch Henry Arthur Bright (1830-84) in Frage, Schiffseigner in Liverpool, Promotor der Schiffsschraube und des kombinierten Dampf- und Segelschiffbaus, ein Freund von Nathaniel Hawthrone, und meist nur Henry genannt. Die

Vermutung steht auf schwachen Beinen, weil Henry Arthur Bright im Census von Liverpool und nicht in London auftaucht, sich nicht als Ingenieur betätigt hat und keinerlei Hinweise in den gut dokumentierten Briefwechseln Henry Arthurs zu finden sind. Er muss derjenige Henry Bright gewesen sein, der Anfang der 1860er Jahre mit dem Bau der Eisenbahn von London nach Bristol im Betrieb seines Vaters Samuel befasst war (Gibbs, Bright, & Co). Er arbeitete weiter für die Firma, jetzt in Liverpool, und setzte sich. für die Ausstattung der *Great Britain* mit Schiffsschrauben ein (*The Artizan* 1853). Sein enger Freund Lord Houghton verkehrte im *Royal Yacht Club Cowes*, eine erste Adresse auch für die Mitglieder der *Aeronautical Society*. (52)

David Stevens Brown. S. 25
Aus The Norton, Tenby, Pembrokeshire. 1853 wohnte er noch *Old-Kent-Road*, London. Mitglied der *Aeronautical Society*. In seinem Patentantrag für einen Destillierapparat ist die Berufsbezeichnung »Gentleman«. Im Katalog der *Great exhibition* bei der Vorstellung seines »Patent instrument for fumigating plants, to destroy insects, etc« nennt er sich »improver«. Hatte neben seinen imperialen Auffassungen auch Humor. Für den Dampfantrieb seiner hintereinander angeordneten Flugplatten ersetzte er Kolben und Zylinder durch einen Gummisack, der wie Lungen atmen und das Auf- und Abschlagen der Flügel bewirken sollte. Chanute interessierte sich vor allem für die Anordnung der Flügelplatten und die Überlegungen Browns für das Erreichen eines Gleichgewichts im Flug.

Eine Aufstellung seiner Patente in W. Newton, *The London Journal of Patent inventions*, Vol. XLII, London 1853: 155. for an improved means of navigating the water by ships. — October 2. 243. for certain improvements in barometers ; part of which invention is applicable to the registry of other fluctuations than those of barometers. — January 31. 153. for agricultural implement for tilling the soil. — October 2. for an improved apparatus or instrument for evaporating or distilling liquids. — October 5. 735. for certain improvements in engines to be worked by steam, or any other elastic fluid; which invention also includes the apparatus for fenerating such steam or other elastic fluid. (112, 123, 124)

James William Butler und Edmund Edwards. S. 27
Beide aus Adelphi, county of Middlesex (heute Bestandteil Londons). Dort war auch der Sitz von Spencers *Balloon Society*. Edwards: 1867 ein Patent auf einen Apparat zur Verbesserung der Metallbearbeitung, 1870 ein Patent auf Verbesserung von Hähnen und Ventilen. Im *Annual Report* der *Aeronautical Society* 1867, S. 41 sagt Butler, er und sein Bruder seien beide Direktoren der *Lenoir Gas Engine Company*, und sie hätten eine sehr viel effektivere Kraftausbeute durch den Gebrauch von Petroleum gefunden. Der belgische Ingenieur Étienne Lenoir hatte 1858 die innere Verbrennung von Gasmaschinen weiterentwickelt. Der Sitz der Firma war Paris, seit 1865 war sie auch in London mit Lizenzen an die *Reading Gas Works* (Berkshire) vertreten. Butler und Edwards waren offensichtlich Ingenieure oder Mechaniker. Ihr Patent

einer Fugmaschine (No. 2115, 1867) sah aus wie das gefaltete Papiergeschoss kleiner Jungs mit Düsenantrieb. Butler hat den Kontakt zu französischen Aeronauten in der Vorbereitung der Ausstellung im *Crystal Palace* hergestellt (*The Artizan* 24, 1.5.1866). (112)

Viscount Carlingford (1806-1864). Eigentlich Godwin Meade Pratt Swifte. Exzentrischer Adliger aus Nordirland. Seine in England und Frankreich patentierte Erfindung eines »aerial chariot« von 1856 kündigte er voller Stolz in *The Engineer«* 1857 an und erwartete, dass er sich 50, vielleicht sogar 60 Meilen in der Luft halten könnte. Es war ein Segelflugapparat mit Propeller und beweglichem Schwanz zur Steuerung, und er sollte mit einem Katapult gestartet werden. Er wurde nie gebaut.

»Der mit Abstand farbenprächtigste Eigentümer von *Swifts Heath* war Godwin Meade Pratt Swifte, der einmal den Palast in Venedig besaß, der jetzt das Grand Hotel ist. Geboren 1806 war er das, was wir heute einen »bit of a Boyo« nennen würden. Er war bekannt als Godwin V, aber er nannte sich Lord Carlingford, einen Titel, den er aus einem anderen Zweig der Familie gepflückt hat. Und nach einem Artikel in der *Old Kilkenny Review*, geschrieben von seinem Nachfahren Geoffrey Marescaux, trug er den Titel, um seiner zukünftigen Frau zu imponieren, einer österreichischen Baroness (Maria Fernanda). »Er war nicht treu, so dass Mann und Frau getrennt lebten, er in Irland und sie in Deutschland«, erzählte Geoffrey. (*Kilkenny People* 21.2.1913). (89)

Pierre Castel. Aus Carcassone, grand rue 71. Advokat und Ingenieur. 1888 Mitglied der *Société des arts et sciences de Carcassone* und der *Société d'études scientifiques de l'Aude*, davor schon der *Société d'agriculture de l'Aude.* Er war nach Versuchen mit einem durch komprimierte Luft (eine Art Blasebalg) angetriebenen Helikopter zum Ergebnis gekommen, dass Schrauben für den Flug nicht taugen: »Un hélicoptère à air comprimé« (*L'Aéronaute* 1878/06, S. 190-199). Sein eigentliches Interesse galt eher Windmühlen, deren Entwicklung er im *Bulletin de la Société d'agriculture* kommentierte (http://famille-plancard.blogspot.de). Aber er interessierte sich auch für Geologie, Mineralogie, Botanik und den Weinanbau (T. XVII). Von 1878 bis 1884 war er Bürgermeister des kleinen Ortes Serviès-en-Val, knapp 30 km südöstlich von Carcassone. J. Castel, wahrscheinlich Jean Castel, Veterinär in Carcassone, möglicherweise sein Bruder und wie dieser Mitglied in den genannten Gesellschaften, referierte zwischen 1876 und 1878 im *L'Aéronaute* die neuesten Patente, u.a. das von Pomès und de la Pauze von 1871 (1878/01, S. 33), die er aus dem Südwesten Frankreichs vielleicht persönlich gekannt hat. Auch sein Sohn Eugène, Jurastudent, war bereits Mitglied in der *Société d'agriculture.* (61)

George Cayley (1773-1857). S. 27, 47, 70, 75
(17, 122)

Samuel Clark (nicht Clarke!). S. 44
US-Patent No. 96550 vom 9.11.1869 für einen »marine kite«. (196)

Jean-Joseph Claudel. Comptable (Buchhalter). Mitglied der *Société française de navigation aérienne*. Vorname und Beruf sind nur in *Brévets d'inventions* 1864 im *Bulletin des lois* aufgeführt: »Appareil aérien dit aéronef orthoptère«. Der Apparat sollte mit einer Dampfmaschine angetrieben werden, die in der Mitte des Schiffes vorgesehen war (Patent No.64538 vom 22.9.1864 in *Description des machines et procédés pour lesquels des brevets d'invention ont été pris* 1864 II, Volume 91, S.22). Abel Hureau de Villeneuve erwähnt seine leichte Maschine in seinem Rapport über die erste Luftfahrtausstellung in London 1868 und diskutiert die Verwendung verschiedener Materialien nach ihren Bruch- und Stabilitätseigenschaften. Aluminium gewinnt (*L'Aéronaute* 1868/11, S. 116). In *L'Aéronaute* 1875/03, S. 99 nimmt Hervé-Magnon Claudel zum Vorbild und lobt seine »Aide-mémoire«, eine flugtechnische Bibliothek, die schon vielen Konstrukteuren von Fluggeräten hilfreich gewesen sei. Noch 1891/04 und 1903/11 wird auf seine Tabellen über Geschwindigkeiten und Luftwiderstand Bezug genommen. 1894/11 heißt es, er habe seinen Ornithopter nie konstruiert. (99)

Robert Cocking (1776 – 24.7.1837, in London abgestürzt. Aquarellist und Erfinder aus Irland.
Er war schon 61 Jahre alt, als er sich mit seinem nach George Cayleys uralten Ideen gebauten röhrenförmigem Fallschirm aus dem Ballon »Royal Nassau« von Edward Spencer und Charles Green aus 1200 m Höhe in die Tiefe stürzte. Sein Leben ist gut dokumentiert (Wikipedia). Interessant der sehr detaillierte Untersuchungsbericht des tödlichen Sturzes in *Mechanics'Magazine, Museum, Register, Journal and Gazette* No. 729 vom 29.7.1837 mit einer Abbildung auf dem Cover, Text S. 258 und No. 730 vom 5.8.1837, S. 297. Aus der Stellungnahme von Professor Faraday geht hervor, dass Cocking seit 23 Jahren Mitglied der *London Philosophical Society* gewesen ist. Er scheint alle Warnungen in den Wind geschlagen zu haben, sowohl was die Stabilität der Konstruktion und die Stärke der Materialien angeht, als auch Berechnungen, die zeigten, dass die Fallgeschwindigkeit ein Vielfaches höher sein würde als von ihm angenommen. Die Abbildung seiner Person, die von der Yale University zur Verfügung gestellt wird, zeigt einen kleinen, sehr beleibten Herrn mit vollem Haar, langer Nase und kleinen Füßen. Eine der drei Lithographien hält Einzelheiten des Absturzes fest. (20)

Edward J. Colby. Aus Chicago. 1887 US-Patent für eine Spielzeuglokomotive, die als Sparbüchse oder Briefbeschwerer benutzt werden kann. 14.12.1886 Patent No. 354, 098 für einen Segelapparat. (Australian Hang Gliding History. *Patents* Index). (196)

Gustave Copie. Er wird im *Annuaire des Fabricant à Paris 1886* erwähnt. Sonst konnte ich nichts zu seiner berufllchen Tätigkeit finden. Seit 1886 auf

Vorschlag des Mitglieds der ersten Stunde, Félix Caron, und des Ballonfahrers und Klavierbauers Eugène Valès assoziiertes Mitglied der *Société française de navigation aérienne*. Chanute hat die Information eines Drachen mit halbmonförmiger Tasche aus *L'Aéronaute* 1887/05, S.97 und 1887/04, S.74 (dort ausführlich). Am 24.11.1887 hinterlegt Copie eine Zeichnung seines rotierenden Dampfmotors (»moteur rotatif à vapeur à clapets oscillant«) im Bureau der *Société*, um seine Ansprüche als Erfinder zu sichern (*L'Aéronaute* 1888/02, S.29). Das könnte erklären, warum er für seine aeronautischen Bemühungen keine Patente eingeholt hat. Einen solchen Motor kann eigentlich nur ein Ingenieur konstruieren. Weitere Beiträge von 1886 – 1889: drei Buchbesprechungen, A.. Robin »La guerre au Vingtième Siécle«, »Le Pétrol«, das ist ein Verbrennungsmotor der Gebrüder Rouart, und in de Graffigny »La navigation aérienne et les ballons dirigeable«. Am 28.2.1889 wollte er eine »Mémoire sur Aéro-Torpille« vorstellen (Luft-Torpedo, wahrscheinlich sein eigenes oder das Modell von Victor Tatin von 1879), war aber verhindert. Da dies die die letzte Erwähnung im *L'Aéronaute* (1889/09, S.214) ist, war er möglicherweise schwer krank oder verstorben. (184)

Edward James Cordner (1795-1870). S.43
Church of Derramore / County Down / Irland. Verheirateter Priester der Presbyterian Church of Ireland (nicht katholisch!) und Kurator von Derrywaghy in der Diözese von Connor (bei Ballymena). Patent No. 1800 (ohne Zeichnungen) vom 4.8.1859. Er stellte sie 1868 auf der *Aeronautical Exhibition* aus (im Bericht S.12). (177)

Antoine Fidelis Cossus. S. 50
Die Patente sind die einzige biographische Quelle, die ich ausfindig machen konnte. Ich führe sie alle auf, weil sich daraus ev. Anhaltspunkte für weitere Recherchen ergeben könnten: Am 2.4.1830 ein Patent auf einen »télégraphe hydraulique transmettant la pensée par des signes ou des charactères«, zusammen mit Charles-Jean-Baptiste Borner (1851/02), am 28.7.1849 ein Patent »pour un moteur, par l'acide carbonique et gaseux, fonctionnant par la difference des températures« (*Bulletin des Lois de la République Française* Xe série, premier semestre de 1851/01), am 1.3.1851 zusammen mit Pierre-Alexandre Bouchard und Frédéric Cournet eines auf einen kristallinen Wasserfilter (1852/02). 1853 ein britisches und schon oder wieder italienisiert als Antonio Fidele »Improvements in lubricating Apparatus« (Apparat für Schmieröl), 1858 ein Patent für eine Methode zur Extraktion von Ölen und fetten Stoffen (*Le Génie industriel*, Vol. 15, 1858, Cossus. 17 Mr. 1858. II, 66, p.209). 1845 gibt es zwei aeronautische Patente: Ein Patent vom 22.3.1845 zusammen mit Joseph-Marie-Edouard Martin (1865 Notar im canton de Bourgoin/Rhone-Alpes), Antoine-Benoît Delaire, Antoine Lenert »Système de direction des aérostats d'un point donné à un point donné« und am 30.5.1845 für ihn alleine »Système d'aérostation par une série d' hélices«, worauf sich Chanute bezieht. (Das Orginal in: *Description des machines et procédés pour lesquels des brevets d'invention ont été pris.*II, 3, p.219 – also

série 2, Untergruppe 3). Sein Helikopter ist auf der Tafel von Dieuaide von 1880 abgebildet. (51)

Charles Edmond François Couturier. Aus Paris, 4, *rue du Mont Thabor*. Er hieß nicht nur so, er war Schneider oder Kleiderfabrikant, der sich 1863 ein englisches Patent auf »petticoats and crinolines« mit Hilfe des Patentagenten Richard Archibald Brooman geben ließ, den er in England auch für das Patent seines Fallschirms einsetzte. Die Krinoline als Vorlage für einen Fallschirm. In Frankreich 1864 zusammen mit Desprez ein Patent für einen »Jupon elliptique«, einen Rock in der Form einer Ellipse und für einen »Parachute dirigeable dit oiseau merveilleux« (lenkbarer Fallschirm, sog. wunderbarer Vogel) am 25.7.1864, im gleichen Jahr für einen atmosphärischen Generator zur Erzeugung von Bewegung (wohl ein Gebläse für Versuche mit seinem Fallschirm). Weitere Patente: für einen »parachûte dirigeable« (Brevet d'invention No. 108784 vom 18.7.1875 und *L'Aéronaute* 11/1878). Englische Patente sind unter Couturier, C.E.F. No. 2030, 1864 und No. 2208, 1865 aufgeführt. (147)

Luther Childs Crowell (7.9.1840 Harwich, Massachusetts – 11.9.1903 Wellfleet, Massachusetts). Begann als Seemann. Später entwickelte und patentierte er Rotationspressen, Maschinen zur Herstellung von Papiertaschen und zum Falten von Zeitungen und eine Schnellpresse für den *Boston Herald*. Die Papiertüte wurde von ihm 1867 erfunden (*www.respekt-jungs.de/logistik-transport/papiertute.html)*, auch eine Ofenreinigungsbürste geht auf sein Konto. Sein Flugzeugpatent 1862 war ein Wagen mit Propellern, die zum Abheben waagrecht und zum Weiterfliegen senkrecht verstellt werden konnten. (111)

Dahlstrom & Lohmann. Aus Kopenhagen. Ingenieure. Maschinenfabrik. (67)

François Dandrieux. S. 58, 61 62
Chanute hat Bescheibung und Abbildung *aus L'Aéronaute* 1880/08 (S. 198). (15, 142)

Louis Danjard. *Passage du Caire*, Paris. Als Beruf wird die Abkürzung »ch. p.m.« angegeben, d.h. er war Hut- und Puppenmacher. (ch. = chapeau, p. =poupée, m. = modiste). Er wird englisch als »milliner« (Putzmacher, Modist) bezeichnet. 1867 erhielt er ein Patent für Puppenköpfe mit Hut. Wahrscheinlich handelt es sich bei ihm um Jean Louis Danjard, geb. 1817, der 1856 aus Caen eine *Mémoire* zum Fliegen an die *Académie des sciences* geschickt hat (*Comptes rendues des séances de l'académie des sciences hebdomadaire* 07/1856, S. 871). Sie wurde an die »Commission d'Aérostats« weitergeleitet. Der Inhalt ist wie bei allen anderen Denkschriften, die in die Hände dieser Kommission fielen, nicht bekannt. Das führte immer zu einer Beerdigung erster Klasse wegen der prinzipiellen Ablehnung eines Fluges schwerer als Luft durch die *créme de la créme* der französischen Wissenschaften. 1871 patentierte er einen Flugapparat mit Fallschirm ähnlichen Segeln. Er sieht aus wie die Kombination zweier Reifröcke (Appareil perfectionné pour la navigation aérienne« No. 91432 vom 2.2.1871, in *Description des machines et procédés ...* Tome 2, 1871. Ill, 2, c. 6, 3, p.7). Mit Brewer und Alexander geistert der »Flugapparat« Danjards ohne nähere Angaben als deutsches Patent durch die Literatur, aber das ist kaum möglich: ein deutsches Patentrecht gibt es erst seit 1877. Das Modell war 1874 fertig *(L'Aéronaute)*. (116)

Charles Cornwallis Dansey (1786-1853). S.41
(177)

Jacob Degen (1760-1848). Uhrmacher
Biographie von Hans R. Degen, Jakob Degen, Flugtechniker und Erfinder 1760-1848. Einwohnergemeinde Liederswil 1999. (17)

Emmanuel Dieuaide. Ingenieur und Patentanwalt aus 18, *rue de la Banque*, Paris. Mitglied der *Société française de navigation aérienne seit 1879, ihr Generalsekretär seit 1885*. Hielt den Kontakt nach England. Konstruierte sehr leichte Dampfmaschinen. Sein »Tableau d'Aviation« ist für Chanute der Referenzrahmen für die Darstellung früher Fluggeräte. Das Patent eines dampfmaschinengetriebenen Helikopters im *Catalogue des brévets d'invention* 1879. Seit 1890 scheint er an den Sitzungen der Gesellschaft nicht mehr teilgenommen zu haben. Sein Vater Jean war am 10.7.1891 73jährig in Limoges gestorben (*L'Aéronaute* 1891/10). Danach bleibt er als aktives Mitglied unerwähnt. Einen Nachruf auf ihn gibt es nicht, so dass es möglich ist, dass er im Streit aus der *Société* ausgeschieden ist. Er hatte sich schon einige Male für die Nichtteilnahme an den Sitzungen entschuldigen lassen. Am 11.2.1892 schreibt Chanute an Mouillard, wenn er sich ein französisches Patent geben lassen wolle, dann wüsste Dieuaide in der *rue de Provence 62* am besten Bescheid. Im Januar 1893 war er zum letzten Mal als Patentanwalt tätig (*Bulletin des lois* 1894/07).

Als Schüler oder junger Mann hatte Dieuaide am 29.8.1869 den zweiten Preis in Abendkursen im Arrondissement von Bellac der *Société d'Agriculture, des sciences et des arts de la Haute-Vienne* für Geometrie und perspektivisches Zeichnen erhalten (*Bulletin* T. 11, Limoges 1869). Der Präsident der Gesellschaft war Eugène Muret, 1870 der Verfasser eines Buches über die »Limousine«, die Rinderrasse der Gegend. Stammte Dieuaide von einem Bauernhof und musste deshalb nach dem Tod seines Vaters den Betrieb übernehmen? Das könnte eine Erklärung für sein spurloses Verschwinden aus Paris sein. (59)

Jean-Alexandre Dubochet. Arzt in Nantes. 1803 Konstruktion einer Dampfmaschine für Flussschiffe. 1810 ein Patent auf Feuerspritzen (Brévet, Journal des mines Vol. 28, 2ième sem., 1810), 1819 eines auf Wagen, die auf eisernen

Schienen die Führung verbessern (*Jahrbuch des kaiserlich königlichen Polytechnischen Institutes* Wien Band 2, 1820). »Recherches sur le vol des oiseaux et l'art aéronautique«, Nantes 1834, in denen er ausführlich die Position Naviers zur Unmöglichkeit des menschlichen Fluges zitiert und am Ende seine eigenen Apparate präsentiert. Nadar führt ihn als leuchtendes Beispiel gegen die *Académie* an (Droit du vol). Mitglied der *Société Royale Académique de Nantes*, auch schon ihrer Vorläuferorganisation 1799, verantwortlich für die Landwirtschaft. Kümmerte sich um die Filterung des Wassers der Loire, ihrer Schiffbarmachung nach Orléans, um die Herstellung von Zucker aus roten Rüben (*Annales de la Société académique de Nantes* 1833). (50)

François Duchesnay. Mechaniker in Paris, 11, *rue Saint-Jacques* (*Bulletin des lois* 1836), der im Mai 1845 sein Gerät im großen Saal des alten Klosters St. Jean-de-Latran aufbaute (Dupuis Delcourt, Nouveau manuel complet d'aérostation ou guide pour servir à l'histoire et à la pratique des ballons, Paris 1850). Es war ein mechanischer Vogel von 10 m Spannweite, mit Federn bedeckt, und er war nicht flugfähig (La navigation aérienne. Principaux ouvrages de M. Gaston Tissandier. Paris 1886). Das Patent von 1836 hatte er für eine kombinierte Press- und Schneidemaschine erhalten. (115)

Richard Dudgeon (1819 in Tain/Schottland – 1895 New York). S. 87
Für Chanute geht es um dampfgetriebene Propeller. (64)

Charles Duryea (1861-1938). S. 90
(261)

William Abner Eddy (1850-1909). Aus Bayonne/New Jersey. S. 87
(186)

Thomas Alva Edison (1847-1931). S. 60, 86
(64)

Ferdinand-Charles-Philippe, Comte d'Esterno (1805-83). S. 54
(96)

Enrico Forlanini (1848-1930). S. 38
Absolvent der Militärakademie in Turin. Pionieroffizier. Ingenieurstudium am Polytechnicum in Mailand. Schließlich Industrieingenieur. Machte Propellerversuche mit dem Boot auf dem Lago Maggiore. (63)

Joseph S. Foster. Aus Salem/Massachusetts (26 km nördlich Boston). Das Patent eines Air-Ship mit verstellbaren Schrauben und Fußbetrieb No. 320548 vom 23.6.1885 wurde von Chanute als untauglich verworfen. Mir ist eine Identifizierung der Wohnung gelungen, aber keine sichere Bestimmung seiner beruflichen Tätigkeit. Henry M. Meek war ein Zeuge des Patentantrags und »compiler und publisher«, der Herausgeber des *The Naumkreag Directory* *of Salem*, eines Jahrbuches mit Adressen, Vorstellung von Betrieben etc. und ließ im *Salem observer* drucken. Der *Salem observer* war eine Tageszeitung und erschien bis 1885. Joseph S. Foster wohnte in »*house 7 Buffum*, Salem / MA«. Dort wohnte auch seine wahrscheinliche Frau Mary (*Salem Directory* 1854/55-1857). Leider fehlt hier die übliche Berufsangabe. Vielleicht hat der Verleger Meek den Patentantrag für ihn erledigt, vielleicht war er beim ihm beschäftigt. Seine Nachbarn in der Straße waren Arbeiter, Gerber, Bäcker, Schmid, Teppichreiniger, Buchhalter, viele Schreiner, Anstreicher, Schuhmacher, aber auch, eher am anderen langen Straßenende, ein Drucker, ein Bankkassierer, ein Herausgeber von Periodicals und Zeitungen, ein Lehrer und ein Assessor bei der City Hall. Direkt neben ihm Übernachtungsmöglichkeiten (boards) bei einem Tierarzt. Im Haus Nr. 7 wohnte außer den Fosters noch der Krämer I. Symmonds jr. (66)

Dr. Freninges. Aus Kopenhagen. Der Titel wird selten genannt. Sonst nichts zu finden. (66)

Edward Purkis Frost (1842-1922). Friedensrichter in Linton, in der Nähe von Cambrigde/ England. Dampfgetriebener Ornithopter mit der genauen Nachbildung von Krähenflügeln Ende der 70er Jahre. Abbildung als Frontispiz im 23. *Annual report* 1886. Miglied der *Aeronautical Society* seit 1868, ihr Präsident 1908. Eine ordentliche Biographie ist in den Ankündigungen einer Versteigerung seines Spezialgewehrs zum Abschuss von Vögeln zu finden (patrick.hawes@bonhams.com). Er engagierte sich politisch in seiner Grafschaft, veröffentlichte Traktate über Politik, Wissenschaft und Religion, war gegen Krieg, aber ging gerne auch mit dem Duke of Cambridge auf die Jagd. (35)

Paul-Elie Gauchot. Mechaniker und Ingenieur in Paris, 477 *rue du Faubourg-Saint-Martin*. Mitglied der *Société des ingénieurs civils en France*. 1876 stellte er zusammen mit Alphonse Pénaud einen Propeller getriebenen Apparat mit sehr breiten Flügeln vor, bei dem Chanute große Probleme mit dem Gleichgewicht vermutete (»appareil aérien volant« No. 111.574 vom 18.2.1876). 1883 erhielt er ein US-Patent auf eine Schleifmaschine für Trinkgläser und ein französisches für die Regulierung von Dampfmaschinen. Nach dem 70/71er Krieg saß er mit Militärgerichtsurteil 6 Monate hinter Gittern (*maitron-en-ligne.univ-paris1.fr/spip.php?*). (121)

Laurent-Gaspard Gérard. S. 10
»Essai sur l'art du vol aérien«. Paris, Chez la veuve Duchesne, 1784, S. 40-45. Hierauf bezieht sich Chanute. (23)

W. (William?) Gibson. S. 44
Outram Street, West Hartlepool (Küstenort in Nordostengland), wie allenthalben kolportiert. Dort Schiffbauingenieur im Unternehmen des Edward Withy (???). Diese Angabe im Internet stützt sich nur auf Patente, die ein

William Gibson für ganz andere Dinge, u.a. für einen Schmelzprozess von Eisen, erhalten hat. Auch eine Website scheint diese Quelle, ohne sie anzugeben, zu benutzen. Für den Flugapparat ist kein Patent nachweisbar. Einzig im Bericht über die Ausstellung im *Crystal Palace* 1868 erscheint ein W. Gibson mit seinem Fluggerät. Darauf bezieht sich Chanute. Alle Recherchen unter William Gibson blieben ohne Ergebnis, sie lieferten nichts über Fluggeräte. Auffallend ist auch, dass Gibson im weiteren Verlauf außer kurzen ablehnenden Statements wegen der nicht ausreichenden menschlichen Muskelkraft von Abel Hureau de Villeneuve in *L'Aéronaute* 1869/03 und 1870/05 nie wieder erwähnt wird. Er ist auch nicht im »Tableau d'Aviation« von Dieuaide von 1880 vertreten und die *Aeronautical Society* gibt sich keinerlei Mühe, ihn vorzustellen.

Sein Apparat hat eine auffallende Ähnlichkeit mit dem Gerät von Bourcart auf Dieuaides Tafel. Im Grunde ist nur die Perspektive eine andere. Sie zeigt einen einfachen Mann in Arbeitskleidung und möglichem irischen Pullover, der sich das Gerät mit Fuß- und Armbedienung umgeschnallt hat. Woher die Abbildung ursprünglich stammt, ist nicht klar. Möglicherweise gehörte sie zu den zahlreichen im Ausstellungsbericht erwähnten Zeichnungen, in denen die Erfinder ihre Ideen präsentierten, ohne an die praktische Ausführung gegangen zu sein. Gibson habe, so wird berichtet, Versuche zuerst mit einfachen Doppelflügeln gemacht, mit denen genügend Auftrieb erzeugt worden sei, und er wollte nun ein Gerät konstruieren, das einen dauerhaften Flug ermöglichte. M.Goodall, A.Tagg – British Aircraft before the Great War

Er scheint keinerlei Beziehungen zu anderen Entwicklern von Fluggeräten gehabt zu haben. Die Idee, sich durch Strampeln und Armschlagen in die Luft zu heben, passt auch nicht zu einem Ingenieur, der sehr wohl weiß, dass Muskelkraft nicht ausreicht. Das alles spricht gegen den oben erwähnten William Gibson. W. könnte z.B. auch Walter oder Winn bedeuten. Verwechselt werden kann er bei oberflächlicher Recherche mit dem ersten kanadischen Flugzeugbauer William Wallace Gibson 1908, the »Balgonie Birdman«. Man sollte sich ein paar einfache Fragen stellen, wenn man die Idendität wirklich klären und nicht auf den erstbesten William Gibson abfahren will:

1. Auf welche Weise konnte Gibson von der Ausstellung im *Crystal Palace* Wind bekommen haben?
2. In welchem Umfeld bewegten sich die Ausstellungsmacher?
3. Warum ist von einem zweiten, angekündigten Apparat nichts mehr zu hören? Ist der Protagonist vielleicht verstorben?
4. Woher stammt die Sicherheit, dass W. gleich William, wenn der angegebene William Gibson dafür kein Patent vorgelegt hat?

Ich bin der Überzeugung, dass dieser W. Gibson auf irgendeine Weise etwas mit der *Aeronautical Society* zu tun gehabt haben muss, wenn er auf ihrer kleinen Austellung vertreten war, und bin bei einigen William Gibsons fündig geworden. Der Name ist in der gesamten englischsprachigen Welt so häufig, dass eine Eingrenzung unter nachvollziehbaren Kriterien unabdingbar ist. Ich habe zwei Dutzend W. Gibsons untersucht, die meisten hießen William, und ich bin bei dreien fündig geworden:

- William Gibson esq. Gresham Terrace, Kingstown war Captain des 4*th* *Royal Lancashire regiment of militia.* (The Duke of Lancaster's Own Light Infantry). Der Vizepräsident der *Aeronautical Society*, Lord Dufferin, war in den 60er Jahren »Chancellor of the Duchy of Lancashire«! Kingstown ist der Ort des *Royal Yacht Clubs* in der Dublin-Bay, in dem Lord Dufferin Vorsitzender war.
- William Gibson, Ballywalter Lifeboat. 1877/78 *Honory Sectretary* (County Down, Nordirland). County Down, eine nordirische Grafschaft, und Ballywalter sind stark mit der *Aeronautical Society* über ihren Vizepräsidenten Lord Dufferin verknüpft. Die Seenotrettungsstation bestand seit 1865. Ballywalter liegt ca. 25 km östlich von Belfast. Gibson wird 1877 als Besitzer eines 42 Tonnen Schoners genannt. Ein weiterer oder derselbe Gibson war 1894 »Justice for Peace« – Friedensrichter in Ballywalter. Dieser William Gibson könnte es gewesen sein. Auf der Ausstellung 1868 im *Crystal Palace* war auch Reverend Edward James Cordner (1795-1870) mit seinem Seenot-Drachen vertreten. Es könnte sogar sein, dass beide persönlich in der Ausstellung anwesend waren.
- Gibson, W. L., M.D. Tay-street, Dundee/Schottland. Der Doktor war seit 1867 Mitglied der *British Association for the advancement of science*, die zahlreiche Mitglieder der *Aeronautical Society* stellte. Er kannte deren Gründungsmitglied James Glaisher (Lancet 1840, Bd. 2, S. 501 als Esq.). Vielleicht gelingt es mit diesen Angaben und mit der Zeit, die Identität des W. Gibson zweifelsfrei zu klären. (16)

Henri Giffard (1825-82). Ingenieur aus Paris. Studierte am *Collège Bourbon* und an der *École centrale*. Sein 1858 patentierter Injektor für Dampfmaschinen wurde weltweit in Lokomotiven eingesetzt. Konstruierte das erste lenkbare Luftschiff mit einem 3 PS starken Dampfmotor. Selbstmord wegen Verlust des Augenlichts. Chanute erwähnt seine Berechnung des Auftriebs von Propellern. (60)

Alexandre Goupil (1843-1909). S. 64
(154)

Henry de Graffigny (1863-1934). Eigentlich Raoul Marquis. Wissenschaftlich vulgarisierender Schriftsteller und Autor mehrer Bücher über *navigation aérienne*, ein »touch à tout«, der 200 Bücher veröffentlichte und sich zeitweise zum Marquis adelte. Vorbild für Celine's Peireires in »Mort à credit«. (172)

Thomas Green (1805?). Aus New York. Ich bin mir unter den zahlreichen Thomas Greens ziemlich sicher, dass *Thomas Green and son ltd.* aus Leeds auch der aus New York ist. Das Werk hieß seit 1848 *Smithfield Iron Works*. Sie hatten seit Mitte der 30er Jahre immer wieder Rasenmäher mit »revolving blades« patentiert und ein weltweit erfolgreiches Unternehmen aufgebaut, das auch dampfgetriebene Landmaschinen, Lokomotiven und Straßenbahnen und Gaslampen produzierte. Die rotierenden Flügel verwandte er, wenn der Thomas Green aus New York City identisch mit dem aus Leeds ist, für seinen Flugapparat, patentiert am 12.8.1873, US No. 141,785. Jedenfalls ähneln die Propeller den rotierenden Schneideblättern einer Mähmaschine, die mit der flachen Seite nach unten schlagen und mit der scharfen Kante bei Drehung nach oben die Luft durchschneiden. Der Apparat vermittelt den Eindruck eines landwirtschaftlichen Geräts und ist nach allen Regeln der technischen Zeichenkunst dargestellt. Das ist natürlich noch kein Beweis. Die Wahrscheinlichkeit steigt dadurch, dass Anwalt Prindle den Patentantrag für den abwesenden Green unterschrieben hat, die Greens aus Leeds Mitglied der amerikanischen *Institution of Civil Engineers* gewesen sind und der Sohn von Thomas Green zusammen mit dem Sohn seines Managers George William Blackburn, Robert, 1914 die *Thomas Green and Sons ltd. Blackburn Aircraft* gegründet hat.

1874 gab es einen Thomas Green in der 330 East 136th St. in New York (in der Bronx), der in den Folgejahren mehrere Vettern aus Irland mit dem Namen Boland bei sich aufnahm. Sie waren von Queenstown (Cork) ausgelaufen. Es ist davon auszugehen, dass sie allesamt einfache Arbeiter waren und wie viele irische Immigranten Arbeit beim Bau der High Bridge über den Harlem River, beim Eisenbahnbau und dem Croton Aqueduct gefunden haben. Ich glaube nicht, dass sie zu einem solch ausgefeilten Patentantrag und zu seiner Finanzierung in der Lage gewesen wären. Der US Census von 1870 nennt 124 Thomas Greens allein für New York. (33)

John James Greenough (1812-1908). S. 90
(66)

Vincent de Groof (1850?-1874, in London abgestürzt). Schuhmacher in Brügge
1865 hatte er die ideelle und materielle Unterstützung der *Société d'encouragement pour l'Aviation ou locomotion aérienne au moyen d'appareils plus lourd que l'air* Nadars für einen Ornithopter, der mit Menschenkraft angetrieben werden sollte (*Rapport* 1865, S. 20-23). Die Zusammenarbeit gestaltete sich schwierig, da de Groof auf Geheimhaltung bedacht war und jede Mitarbeit eines Mechanikers ausschloss, der Schwächen des Kraftübertragungssystems beseitigen helfen sollte. Damals hielt er sich in Paris auf, kehrte aber mit einem untauglichen Apparat nach Brügge zurück. Seine »fliegende Maschine« war ein riesiger Vogel mit zwei je 11 m langen schlagenden Flügeln und 9 m langem Schwanz. Sie waren mit geteertem Stoff über Walfischleisten bespannt wie die Fischstäbchen eines Korsetts. Unter dem Apparat hing eine kleine Kabine, die Flügel wurden durch Armbewegung betätigt. Er stürzte aus 1 500 m Höhe nach Sprung aus einem Ballon ab (www.lorraine-cafe.fr > Lorraine > Histoire Lorraine). (19)

Lawrence Hargrave (1850-1915). S.94
Seine Modelle wurden von australischen Regierungsstellen abgelehnt, sie landeten im Deutschen Museum in München. (218)

William Samuel Henson (3.5.1812 Nottingham – 1888 Newark/New Jersey). S.22, 49, 75
Ingenieur. Patente für Schnürsenkelmaschine, Rasierapparat, leichte Dampfmaschine. Aerial Steam Engine zusammen mit Stringfellow 1840. (83)

John Philip Holland (1841 Liscannor/Irland – 1914 Newark/New Jersey). S.91 (68, 217)

Sidney H. Hollands (1856-1936). Ingenieur aus Kent, später London, Engineering Department, Chatham Dockyard. Seine »trunk engine« war auf der *Aeronautical Exhibition* 1885 zu sehen und dem Dampfantrieb in Kriegsschiffen aus der Mitte des 19. Jahrhunderts entnommen. Ein Patent für Propeller 1908. Und für Flugzeuge und Starter 1910. Entwicklung von Militärfluzeugen. (147, 161)

Edward Chalmers Huffaker (1856-1937). S.94
(247)

Abel Hureau de Villeneuve (1833-1898). S.62-65, 95
(29, 122)

R. C. Jay. Seit 1869 Mitglied der *Aeronautical Society*. Wohnhaft Coningham Road, Shepherd's Bush / London, seit 1872 Alexandria Road Cambridge Gardens, Killburn / London, seit 1877 Cornwall Road, Bayswater / London (so im Mitgliederverzeichnis der *Aeronautical Society*). 1878 auch Mitglied im *Aeronautical Club*, Regent Street (*Annual Report* 1878, S.79).

Ein Patent für »Crank (Kurbel) for Tricycles and other velocipedes« No. 2,957 vom 14.6.1883. Ein Velocipede wurde noch mit Pedalen direkt am Vorderrad in Bewegung gesetzt. War er Fahrradmechaniker? 1889 ein Patent für »Preparing surface of iron etc.«und am 16.3.1892 (No. 5267) eines für »Wrought iron (Schmiedeeisen) and steel tanks« (*Illustrated official Journal of Patents*). Ein Ornithoptermodell stellte er 1871 der *Society* vor (*Annual Report* S.27-29). Es hat einige mechanische Raffinessen zur Erzeugung des Flügelschlags. Ein weiteres 1877 (*Annual Report* S.6-7), diesmal unter Verwendung einer Kurbel bzw. angekurbelter Axen, an denen die beiden Flügel angebracht waren, wie beim Fahrrad (s. Patent 1883). Im *Annual Report* 1879, S.44 ein Beitrag »On Aerial Propellers«. Diskussionsbeiträge im *Annual Report* 1882. Er experimentierte mit Dreharmen (Anderson, A History of Aerodynamics, S.126). Es gibt nach seitenlangem Censusstudium keinerlei Hinweise, welche Vornamen R. C. repräsentieren könnten. Als einziger Ricardo Cuthbert Jay, geb. 1864 in Thames Ditton, Seemann, aber der ist zu jung. Eine *William Chickhal Jay and Co.* war eine Seidenweberei in der

Regent Street / London mindestens seit 1845, dort wo Jay im *Aeronautical Club* Mitglied war. Vielleicht war der Seidenweber sein Vater und er sein Kompagnon. Seidenstoffe waren wichtig für die Ballons. (26)

Claude Jobert (1829-1903). Mechaniker. Konstrukteur wissenschaftlicher Instrumente für Ballonaufstiege einschließlich der Technik von Luftaufnahmen. Arbeitete mit d'Esterno, Tissandier, Penaud u.a. zusammen. Mitglied der *Société française de navigation aérienne*. Setzte sich vergeblich dafür ein, dass die *Société* Biot finanziell unterstützte. Obwohl häufig kolportiert, ist Jobert am 15.4.1875 nicht mit im Ballon gewesen, als Sivel und Crocé-Spinelli in 8000 m Höhe starben und nur Tissandier überlebte. (28, 99, 180)

Pierre Jullien (1814-76). S. 15, 52
(92)

Christian Johan Lodberg Krarup-Hansen (1817-95). Prof. Naturgeschichte (Subrektor an der gelehrten Schule zu Hardersleben/Harderslev, einem Gymnasium, seit 1864 preußisch). Schrieb 1869 »Beiträge zu einer Theorie des Fluges der Vögel, der Insekten und Fledermäuse«, Copenhagen 1869, auf das Chanute Bezug nimmt. Dort schlägt er einen Flugapparat vor, der mit Pedalen angetrieben werden soll, wobei nicht klar ist, ob er mit schlagenden oder starren Flügeln versehen ist. (115)

Joseph Meyers Kaufmann (geb. 1822). Ingenieur in Glasgow. Mitglied der ersten Stunde in der *Aeronautical Society*. Am 14.6.1867 in der *London Gazette* ein Patent No. 1526 für eine Erfindung von »improved means or apparatus to be used for travelling through the atmosphere and on land and warter, part of which appparatus is equally applicable to other purposes«. Es handelt sich um eine Dampfmaschine mit Kessel, Rädern und Flügeln, die er auf der Exhibition 1868 präsentierte. Im *Annual Report* 1868 S. 37 eigene Versuche mit Flächen in Luftströmungen, um die wirksamen Kräfte zu messen. Die senkrecht wirkende Kraft war geringer als das erwartete Pfund auf den Quadratfuß. Dazu ein wichtiger Beitrag auf den Abendveranstaltungen während der Ausstellung. Es enstand die Idee, dass die Größe der der Luftströmung ausgesetzten Fläche einen noch nicht genau bekannten Einfluss auf den Luftwiderstand hat. Den Mitgliedern wird bewusst, dass sie die Tragflächen untersuchen müssen, wenn sie wissen wollen, warum ihre Apparate mehr oder weniger gut fliegen (Bericht S. 14). Im *Annual Report* 1869 »A few remarks on Aerial Transcursion« (S. 16). 1869 hielt er Vorlesungen über seine Maschine im *Mechanic Institute of Glasgow*. Bei einer Demonstration seines Ornithopers mit »telescope wheels«, die nach dem Start eingezogen wurden, hörten die Flügel nach kurzer Zeit zu schlagen auf. Er scheint danach keine Versuche mehr unternommen zu haben und wohnte in London, 29 Budge Row, Canonstreet. Seit 1871 nicht mehr Mitglied der *Aeronautical Society*. Er war mit seiner Frau nach Australien ausgewandert, wo sie 1878 in Southern gemeldet waren. Mit Southern werden alle Distrikte südlich des 26. Breitengrades zusammengefasst. Zwischen 1878 und 1882 hat man ihn zum Esq. gemacht (www.archives.qld.gov.au/.../DivorcesIndex.txt). 1882 firmierte er als Direktor der »Colorada (sic!) Silver Mine« (open pit-Tagebau) im North Kennedy district in Queensland/Australien, die noch Teilhaber suchte (Joseph M. Kaufmann Esq. *The Sydney Morning Herald* 15.7.1882). Das legt nahe, dass er auch in Glasgow Mineningenieur gewesen war. (25)

Alexander Perkins Keith (ca. 1809 – ca. 1899). S. 83
US-Patent No. 100,415 für einen Flugapparat (Aerial ship) am 1.3.1870. Die Ruder sollten mit einem Gasturbinenmotor oder einer Dampfmaschine angetrieben werden. Seine aviatische Sammlung landete im Flug- und Raumfahrtmuseum in San Diego. (OAC, Online Archive California. www.oac.cdlib.org/findaid/ark:/13030/kt7779s1ct/)
(33)

Gustav Koch (1843 in Salzburg – 1918?). Ingenieur aus München. »Das Luftschiff. Ein Beitrag zur Bedürfniss- & Nützlichkeitsfrage der praktischen Luftschiffahrt. Nebst einem Anhang, enthaltend die Beschreibung & Erläuterung des G. Koch'schen Systems zur Erstellung eines lenkbaren Luftschiffes«. München 1883. »Der freie menschliche Flug, als Vorbedingung dynamischer Luftschiffahrt«, 1891. Im *Polytechnischen Journal* Band 254, S. 20-24, 1884 die Beschreibung seiner Modellexponate. Deutsches Patent No. 73603 vom 29.3.1892 für einen Flugapparat mit Flügeln und Schaufelrädern (Raddampfer der Luft). Von Bayerns Ludwig II. gesponsert. »Das Flug-Schiff: das schnellste Wasserfahrzeug zur Vermittelung des Ueberganges von der Wasser- zur Luftschiffahrt«. München 1901. Chanutes Einwände gelten der Größe der Flügel, die wegen ihrer Spannweite einer hohen Materialbelastung ausgesetzt sind, der waagrechten Position des Fliegers, der so vor allem Start und Landung nicht beeinflussen kann, und den vorgesehen viel zu gefährlichen Versuchen durch Auslösen der Maschine in 1 000 m Höhe von einem Ballon aus. (215)

William G. Krueger (?-1882). S. 78
Die Adresse der *California Aeronautic Co*: Office Room No. 8, 318 Kearny St. Betwennpine and Rush, San Francisco. Das von Chanute besprochene US-Patent: No. 252, 966 vom 31.1.1882. (www..*aerofiles.com/patents-pre1904.html*) (154)

François Xavier Lamboley. S. 81
(33)

Israel Lancaster. S. 76
Aus 335 Wabash Ave, Chicago (*Annual Report* 1882, S. 46). Im *Annual Report* 1883, S. 101 der Reprint eines Beitrags aus dem Londoner *Engineer*. Im *American naturalist* Sept. 1891.«The Problem of the Soaring Birds«. In der *New York Times* vom 24.8.86 wird er als Mitglied der *Association for the*

Advancement of Science bezeichnet, und die *Times* macht ihn zum Professor. Simine Short (Locomotive to Aeromotive: Octave Chanute and the Transportation Revolution, 2011. S. 183) nennt ihn einen »Illinois Farmer« und berichtet, Chanute habe ihn für die *Association* gewonnen. Das stimmt eher. US-Patent für »covering of aeroplanes« 1902 und 1905. (197)

Guillaume Joseph Gabriel de la Landelle (1812-1886). S. 15-18
(52, 55, 147)

F. Launoy. S. 47
Der bei Wikipedia herumgeisternde Christian de Launoy war ein Nürnberger Drucker der zweiten Hälfte des 18. Jahrhunderts und ist sicher nicht der richtige Launoy. Wahrscheinlich wurde er wegen des C. Launoy aus der Zeit nach der französischen Revolution verwechselt. C. bedeutete damals *Citoyen*. Eine gute Beschreibung seines geologischen Ladens und eine Charkaterisierung seiner Person durch Carl Caesar Leonhard, Taschenbuch für die gesammte (sic!) Mineralogie, Frankfurt 1809, S. 50. Weitere Quellen: Catalogue méthodique et raisonné de la collection des fossiles de Mademoiselle Eleonore de Raab. 2 Bände. Alberti, Wien 1790.. Bulletin des Sciences par la *Société philomatique* 1791. Nouveau dictionnaire d'histoire naturelle, appliquée aux arts, Bd. 23 1808. (164)

Jean-Marie Le Bris (1817-72) S. 34
(21, 104)

Louis Charles Letur (1801-54, in London abgestürzt) Zirkusartist bzw »artiste dramatique«. Paris, rue du Faubourg-Saint-Denis No. 19. Ein Patent für eine Art Fallschirm mit schlagenden Flügeln (Brevet No. 13854 vom 3.9.1852, »Système d'appareil destinée à soutenir une personne en l'air, tout en lui permettant de se diriger«). Damit machte er Versuche in Paris, Lyon, Rouen, London. (Claude Perrin, Les Hommes volants: un précurseur: Léo Valentin (1919-1956), S. 36). Der tödliche Absturz geschah, als Letur mit seiner unter dem Ballon von William Adam hängendem Apparat aufstieg. Beim Durchschneiden der Seile, um Letur zu lösen, vergaß Adam eines von dreien, und Letur verlor das Gleichgewicht. (19)

Otto Lilienthal (1848-96). S. 58, 61, 70, 93
(201)

Henry Charles Linfield (1844-1918). Ingenieur aus Winchester nach *Annual Report* 1878, S. 71. Später Margate, ein Küstenort in Kent an der Themsemündung. *Keble's Gazette* vom 3.6.1882 berichtet ausführlich, wie Mr. Linfield in der Nähe der Gaswerke äußerst befriedigende Experimente durchgeführt habe. Die seltsam aussehende Maschine, so ähnlich wie ein zu groß geratenes Fahrrad mit einer Konstruktion, die mit zunächst hängenden Flügeln den Wind einfangen sollte, wurde durch das wilden Treten des Fahrers hügelabwärts stark beschleunigt, »während der Mechaniker von Bangham's (eine Fahrradwerkstatt) ebenso wild nebenher rannte, um sicher zu stellen, dass alles in Ordnung ist, bis der »Pilot« an einem Hebel zog, der die Flügel in die geöffnete Position brachte. Für die Nachwelt waren die Versuche unglücklicherweise nicht vom Erfolg eines unterstützten Flugs gekrönt, sondern nur von gerade mal kurzen wankenden Sprüngen himmelwärts«. Die *New York Times* machte am 4.1. 1884 mit ihm ein Interview, in dem er den Mund ziemlich voll nahm und seiner Maschine eine großartige Zukunft bescheinigte. Im *Annual Report* 1883, S. 94 die Beschreibung seiner Maschine, die dann von einem fahrenden Zug gestartet wurde.

Das sind die einzigen persönlichen Angaben, die ich finden konnte: Im *Isle of Thanet Directory and Guide for 1883-4* die Berufsbezeichnung Ingenieur und als Testamentsvollstrecker seiner Mutter: Will of Jane Linfield late of Tower Hill, Horsham, co Sussex, widow, who died 16 October 1882 at Tower Hill, proved 19th Dec 1882 Principal Registry by Henry Charles Linfield of Margate, the son & Geo Duncan Bundy of 29 Lady Margaret Rd, Kentish Town, clerk in Railway Clearing House, executors, £95 1s 6d. (135)

Michel Loup. Aus Givors / Rhone (Kohle, Metallurgie. Bereits 1832 Eisenbahn nach Lyon und St. Etienne). Zusammen mit Koch eine Compagnie: Hydraulischer Zähler 1859 (*Compteur hydraulique et magnéto-moteur).* Dafür eine Silbermedaille der *Société d'Encouragement.* Er war Mitglied der *Société d'encouragement pour l'aviation ou locomotion aérienne au moyen d'appareils plus lourds que l'air*, die von 1864 Nadar ins Leben gerufen worden war. »Solution du probleme de la locomotion aerienne; aperçu general & sommaire, avec 21 figures a l'appui«. Paris, Carilian-Goeury et V. Dalmont; etc. Lyon 1853. Dort schreibt er allerdings im Vorwort, er sei kein Ingenieur, eher ein Literat. Nadar (Droit du vol) hielt große Stücke auf ihn. (88)

Jean-Charles de Louvrié (1821-94). S. 18
Mathematiker, Eisenbahningenieur, Betreiber einer Nagelschmiede und einer Mehlfabrik, Entwickler von Fahrrädern. Engagierter Ballonfahrer und Versuche zu deren Lenkbarkeit. Frühes Mitglied der *Société française de navigation aérienne* und zeitweise ihr Präsident. Nachruf in *L'Aéronaute* 1894/06, der auch eine gute Zusammenfassung seiner Zweifel am sinus^2 Gesetz (Vektor für den Auftrieb), seiner Zusammenarbeit mit Penaud und seiner Rückkehr zur Ornithopter-Konstruktion enthält. Das »aéronave« (Luftboot) wurde 1865 der *Académie* präsentiert, die ihn abblitzen ließ. Louvrié habe immer einen Kapitalisten gesucht, der seine Maschine finanziert, »aber der Kapitalist kam nicht« (Nachruf). De Louvrié ging ins Aveyron zurück, wo er geboren war, und widmete sich der Entwicklung von Fässern zur Konservierung von Oliven. Er lebte als Witwer alleine in Campouriez, wo ihn der Briefträger tot aufgefunden hat.

Zur Auseinandersetzung mit Navier: »Vol des oiseaux: Équation du travail, erreur de Navier, aviation« (*Les Mondes, Revue hebdomadaire des science* Band 1221.12. 1866, S. 651). »Rapport sur un Mémoire de M. Chabrier concernant les moyens de voyager dans l'air et s'y diriger, contenant une nouvelle théorie des mouvements progressifs, lu le 5 octobre 1829« (Histoire de l'*Académie Royale des Sciences de l'Institut de France*« t. 11, 1832). (32, 94)

Oscar Maddaus (nicht Maddans!). Aus Brooklyn, New York. US-Patent 1871 »Improved Drum Kite«. Sehr wahrscheinlich ist es Oscar Wilhelm Maddaus (1845 Litauen – 1896 New York). Holzstecher für die *India Hard Rubber Comb Company* (Gummikämme), die *Remington Sewing machine Company* (Nähmaschinen) und *Reed & Barton Flatware Company* (Silberbesteck- und Geschirr), ein Werbegrafiker, der für diese Firmen Kataloge und Anzeigen gestaltete. Als seine zweite Frau Augusta Dorothea Rathminder Maddaus 1937 starb, wurde sie als die Witwe des berühmten »woodcutter and inventor« Oscar Wilhelm Maddaus bezeichnet. (196)

Marcel Maillot. Seilmacher aus Paris. Soll 1883 versucht haben, mit Hilfe des Drachens Luftaufnahmen zu machen. Chanute interessiert sich sehr dafür, wie Maillot den Drachen ohne Schwanz durch Anbringen des Seils im Abstand von einem Drittel der Gesamtlänge vom »angle of attack« in Balance hält und steuert. Zusammenarbeit mit J. (!) Pillet, dem Maschinenzeichner an der *École Polytechnique*. Zwischen 1886 und 1888 wird er häufig in *L'Aéronaute* erwähnt, oft zusammen mit Copie. 1904/03 wird er aufgefordert, den Mitgliedern den Bau von Drachen beizubringen. 1909/02/01 tritt er zum letzten Mal auf den Sitzungen der *Société* in Erscheinung. (182)

Frederick Marriott (1805 Enfield/England – 1884 San Francisco). S. 87 (131)

Hiram Stevens Maxim (1840-1916). S. 57, 93
(233-247)

David Mayer. Aus Worcester/Midlands. Treppenbauer 1828, als er seine Luftschraube herstellte, über die 40 Jahre danach im dritten *Annual report* der *Aeronautical Society* 1868, S. 56 sein Bericht »Some remarks on mechanical flight« verlesen wird. Plädierte nach Versuchen mit »flapping wings« und denen ihm als Treppenbauer vertrauten Flügelschrauben dafür, die Natur nicht nachzuahmen, sondern sie durch mechanische Mittel zu ersetzen. Hinweis auf die jüngste Verwendung von Propellern im Schiffbau. (56)

James Means (1853-1920). S. 94
Shoe manufacturer aus Boston. Autor von »The Problem of Manflight« 1891 und Herausgeber von *The Aeronautical Annual Devoted to the Encouragement of Experiment with Aerial Machines and to the Advancement of the Science* und Mitbegründer der *Boston Aeronautical Society* 1895. Er trat 1896 aus dem Exekutivkomite zurück, machte weiter Versuche mit Drachen und Flugzeugen und veröffentlichte Ergebnisse weltweiter Experimente im

og. *Annual*, zuletzt 1910. (Means, James Howard MD, James Means and the Problem Of Manflight, Smithonian Institution Wasington D.C. 1964. Und: *Boston Daily Globe* 9 May 1897, p. 29. Und: PDF Means, Autor Bill Deane. Und viele Quellen: http://www.gustave-whitehead.com/how-you-can-help-leads/). Ein James Means saß 1888 im *Council of Boston*. Ein Porträt in: Otto Lilienthals Flugtechnische Korrespondenz, S. 129. (68)

J. (Grégoire-Joseph) Mélikoff. Ingenieur. Ausbildung an der *École de ponts et chaussées* (Brücken und Straßen). Dort wurde er 1864 als externer, ziviler russischer Schüler geführt. 1879 Projekt für einen mit Gasturbinen betriebenen rotierenden Fallschirm (hélicoptère à vapeur d'éther), vorgestellt in *L'Aéronaute* 1879/01, p. 24-30 und 1879/04, p. 103-110 (mit Abbildungen). Dort heißt er nur J. oder Joseph, und in *L'Aéronaute* 1878/12 wird er als »ingénieur des ponts et chaussées du gouvernement russe« bezeichnet. Hat er mit Struve und Telescheff zusammengearbeitet? Seine Studie wurde in Abwesenheit in drei Folgen verlesen. Bei Chanute mit Abbildung und der Angabe, er habe 1877 ein Patent erhalten, das ich bisher nicht nachweisen konnte. Es scheinen alle, ohne die Angabe nachzuprüfen, von ihm abgeschrieben zu haben. Ich konnte nicht wirklich klären, wer dieser Melikoff war. Die folgenden Angaben sind deshalb nur als Beschreibung meiner nicht abgeschlossenen Suchbewegung zu lesen. Sie führte in kaukasische Ölfelder, in antiarmenische Progrome, die Wirren der russischen Revolution mit anschließendem Exil in Frankreich und den USA. Ein am 3.10.1914 geborener Sohn Benny L.(Levan?) eines Joseph Melikoff war am 18.2.1937 gestorben und wurde in Salinas/Kalifornien beerdigt. Eine Flucht aus Russland im Zuge der Revolution oder vor den antiarmenischen Progromen 1905 in Asserbeidschan, vor allem in Baku, ist durchaus denkbar. Die Vorfahren der französischen Professorin für Turkologie, Irene Mélikoff, die im Ölgeschäft in Baku reich geworden waren, sind 1919 geflohen. Ein Joseph G. Loris Melikoff war 1919 russischer Botschafter in Frankreich, davor seit 1914 russischer Botschaftssekretär in den USA. Dann gibt es noch Jos. Melikoff im Jahresbericht der russischen Chemischen Gesellschaft 1897 (S. 307-311). Es geht um geologische Beobachtungen und Bariumchlorid (Zit. nach *Jahrbuch der kaiserlich-königlichen geologischen Reichsanstalt*, Darmstadt 1900, Heft 21). An der »Napier Tercentenary celebration« am 5.6.1914 in Edinburgh nahm ein Professor Melikoff aus St. Petersburg teil – ein Mathematiker? Napier war dreihundert Jahre zuvor der Erfinder der Logarithmen gewesen. (60)

Henry Middleton (1869-1910 (?)). Aus Slough, Buckinghamshire. Ab 1880 am *St. John's College* in Cambridge (*Annual Report*). Arbeitete als Ingenieur im *Northampton Polytechnic Institute* in London, heute die *City University*. Korrespondierte mit dem Mathematiker und Astronomen George Howard Darwin über Unterseeboote, Flugmaschinen und lenkbare Ballons. Dafür gibt es einen ganzen Packen von Patenten. Meldete noch 1920 einen Ornithopter zum Patent an, daher das allgemein genannte Todesdatum wohl nicht richtig. Im *Annual Report* 1879, S. 21-22 ein Diskussionsbeitrag, in dem er von seinen Versuchen spricht, dem Flugproblem mathematisch beizukommen. Bisher seien alle Versuche davon ausgegangen, dass ein Vogel in der Luft stationär bleibe, nehme man Bewegung hinzu, werde das Problem kompliziert, und es sei noch nicht gelöst worden. Weitere Beiträge S. 35-43. Im *Annual Report* 1883, S. 16 »On the Mechanics of Flight and their Application to Flying Machines«, der Versuch einer mathematischen Theorie des Fliegens. (35)

John Joseph Montgomery (1858-1911, mit seinem Glider abgestürzt). (248)

Louis Pierre-Marie Mouillard (1834-97). S. 60
Seit 1890 bis zu seinem Tod ausgedehnte Korrespondenz aus Kairo mit Chanute. Erhält 1894 von Chanute 2500 Francs zur Konstruktion eines Flugapparates mit horizontaler Steuerung (Les pionniers Lyonais de l'aviation. *slhada.fr/brocard1.pdf*) Nach einem Schlaganfall 1897 halbseitengelähmt. L'Empire de l'Air. Essai d'ornothologie, appliquée à l'aviation. Paris, Libraire de l'Académie de médécine, 1881. Le Vol sans battement, 1912, Herausg. André Henry-Coüannier, directeur de la *Revue aérienne* (Chanute hatte einen Großteil des Manuskripts am 21.7.1891 erhalten). (77, 147)

Thomas Moy. S. 37-39
Ingenieur und Konstrukteur (engineering draughtsman) in London. Er ist nicht Mr. Thomas, der Romanschriftsteller William Moy Thomas (1828-1910). Das geht im Internet auf allen Kanälen munter durcheinander, regelmäßig werden Geburts- und Todestag des Schriftstellers genannt, und aus William Moy Thomas wird Thomas William Moy. Moy spielte eine bedeutende Rolle in der *Aeronautical Society*.

Nachweise und Patente: »The Flight of the Albatros«. (Paper by Thomas Moy, read before *The Balloon Society*, October 3,1884). Eine Anzeige im *Annual Report* 1878, S. 80: »Thomas Moy. Assoc. I.N.A. Consulting Engineer in Aeronautical Science. Inventor and Patentee of Light Stream Boilers and Engines for Carriages, Boats, and Aerial Propellers. 37, Farringdon Street, London, EC«. http://invention.psychology.msstate.edu. Er hat auch mit Dreharmen experimentiert (Anderson, A History of Aerodynamics, S. 126). Brit. Pat. No. 3,238 an Thomas Moy und Richard Edmund Shill 1872 für »Aerial Navigation«. 1874 Pat. No. 2,808 an Moy alleine, ebenso 1877 Pat. No.1,406 für »Steam Boilers, Steam Engines, and Slide Valves« und 1891 Pat. No. 14,742 für »Improvements in the Method of and in Means and Appliances for Steering and Controlling Vessels in Air or Water«. Zwei weitere für Verbesserungen der Navigation von Fluggeräten und U-Booten 1901. Zu den Tragflächen unter Wasser siehe Ian Hamilton, »The Hydrofoil As a Weapon« (*Pacific Defence Reporter* Aug 1981). (124, 196)

Melvine M. Murell (nicht H.Murrell!) (1855 – 20.2.1933). Farmer und seit 1882 Methodistenprediger aus Panther Springs, Tennessee. Das Patent No. 194,104 eines über Seile handbetriebenen Ornithopters ist vom 14.8.1877.

Murell stürzte nach wenigen Sekunden ab, blieb aber unverletzt. Die Reste seines Flugapparats befinden sich heute in der Smithsonian Institution in Washington, D.C. (Rose center Morristown, Tennessee). (33)

Carl E. Myers (1842-1925). S. 90
(187)

Gaspard-Félix Nadar (1820-1910). S. 12-21
Er hieß eigentlich Tournachon und stammte aus Lyon. Irgendjemand bezeichnete ihn als »Tourne à dard«, als einen Wühler mit Stachel, was dem eingefleischten Republikaner so gefiel, dass er sich fortan Nadar nannte, seinen riesigen Schriftzug an dem rot getünchten Atelierhaus mit Gas beleuchtete und sich in Rot kleidete. (52)

J. Palmer (nicht I. Palmer!). Präsentierte auf der ersten Ausstellung im *Crystal Palace* 1868 ein Flügelpaar mit raffinierter Mechanik. Er ist unter den zahllosen Palmers schwer zu identifizieren. Am plausibelsten erscheinen *John Palmer & Sons*, die seit 1873 Schraubenschlüssel für Eisenbahn, Hammer und andere Werkzeuge in Warley bei Birmingham produzierten, und *John Palmer and son Harborne/Stafford Manufacturers.* Sie erfanden einen Schraubenschlüssel (improvements in moveable spanners or screw wrenches, *The London Gazette* 19.11.1867). Ein John Palmer hat am 25.8.1868 (No. 81,536) und am 15.4.1873 (No. 137,951) ein US-Patent auf »Spring Hinges« (Federscharniere) bekommen. Die Palmers in Harborne bei Birmingham waren auf Werkzeuge für die Schienenverbindung spezialisiert. Ihre Fähigkeiten passen zu den Schlagflügeln, die J. Palmer auf der Ausstellung 1868 vorgestellt hat. Das Flügelpaar ist auf der Abbildung in der *Illustrated Times* vom 4.7.1868 sehr gut vorne links zu sehen. Chanute hat die Beschreibung wörtlich aus dem Ausstellungsbericht der *Aeronautical Society* übernommen. Dafür gibt es m.W. kein Patent. Darüber hinaus kämen dem Namen nach mindestens 7 Freiwillige bei der *Royal Navy* in Frage: John, Joseph, Jeremiah, Jesse, James, geboren 1839 und 1840 und von unterschiedlicher Herkunft. Sie waren wohl kaum zur Entwicklung einer raffinierte Mechanik in der Lage. J. Palmer ist ungeklärt. (25)

Alphonse Pénaud (1850-1880). Konnte wegen eines Hüftleidens nicht Schiffsoffizier werden. (28, 55, 117,189)

William Henry Phillips. S. 49
Vorsicht – nicht mit zahlreichen Phillips gleichen Namens und mit Horatio Frederick Phillips zu verwechseln. (50)

V. Pichancourt. Aus Paris. Betrieb in der *rue de la Glacière* 34 in St. Cloud eine »fabrique d'oiseaux mécanique«, eine Werkstatt für mechanische Vögel (*Annuaire officiel des jouets et jeux des Bazars. Bimbeloterie, articles de Paris*, 1897). Ganz in der Nähe hatte der 1898 gegründete *Aéroclub de France* seinen Startplatz für die Ballons. Der Artikel mit Abbildung seines »oiseau mécanique« ist in *La Nature*, 1889, S. 128 veröffentlicht und stammt von Gaston Tissandier, dem Herausgeber der Zeitschrift und Ballonfahrer. Auch zu finden bei J. Lecornu »La Navigation aérienne, histoire documentaire et anecdotique«, Paris 1903, S. 397. 1900 erhielt er ein Patent für einen »Ballon-jouet dirigeable«, einen lenkbaren Spielzeugballon. (31)

Louis-Alexandre Pillet. S. 52
L' Aéronaute 1870/03. Dort ist sein Beitrag mit »Louis Pillet« unterschrieben, auch so in der Mitgliederliste in *L'Aéronaute* 1875/04. In *L'Aéronaute* 1869/09 heißt er nur Alexandre. 1873 hat er in der ersten Nummer des *Bulletin de la société artistique et industrielle de Cherbourg* seine Experimente zu den Luftschrauben veröffentlicht. Die Modelle wurden in Cherbourg ausgestellt (*L'Aéronaute* 1873/05). Louis Pillet wird zum letzten Mal 1876 in *L'Aéronaute* erwähnt. (58)

George Pocock (1774-1843). S. 41
(175)

Pomès & Alfred de la Pauze. S. 53-56
Hier werden nur die darüber hinaus in Frage kommenden Pomès genannt und die Patente zusammengestellt. Patente für beide: Pomes et de la Pauze. Brevet No. 91,577 vom 1.3.1871 für einen »Appareil purvu d'un gouvernail et d'une hélice actionné par un moteur à poudre«. Eine ausführliche Beschreibung des Helikopters durch J. Castel in l`Aéronaute 1878/01, p. 33, die Abbildung auf der Tafel von Dieuaide und bei Chanute S. 57: Für Alfred de la Pauze und Thomas John Capel 1881 das britische. Patent No. 430 auf eine »machinery for aerial navigation« (Museum of Flight archives Seattle, Box 5, Folder 166, Pat. 430 (Archives@museumofflight.org).
Hier einige mit Namen Pomès, die als Patentträger eventuell noch in Frage kommen:

- Laut Meldung in der dreimal wöchentlich erscheinenden Zeitung *Mémorial* vom 1.12.1851: Pomès distillateur in Pau, rue de la Nouvelle-Halle 12 tient un assortiment de Cognacs, de. Rhum , Eaux-de-vie et Liqueurs , en tout genre; Vins Etrangers, de Bordeaux et des meilleurs crûs du Pays. — Le tout au plus bas (mediatheques.agglo-pau.fr/). Er war vielfach prämierter Weinproduzent. Da Capel in Pau die englische Mission gründete und kein Weinverächter war, käme er durchaus in Frage, ebenso wie der folgende.
- Pomès und Henri Malère aus Pau (seit 1861 Sécrétaire générale des Basses Pyrenées) erhielten am 25.2.1889 ein Brevet für eine »Escalier de distillation« (*Bulletin des lois* 1889/07).
- In Bordeaux wurde am 2.4.1881 die *Société en nom collectif F. Leger et Pomès* gegründet, die mit Kolonialwaren handelte (denrées coloniales, huiles, savon, etc.).

- Ein Weinproduzent Pomès von Palus (den ehemaligen Sümpfen bei Bordeaux).
- Ein Pomès aus Condom (Gers) erhielt 1863 das Brevet No. 60595 für »Application d'un moteur dit moteur hydraulique Pomès à un appareil mécanique quelquonque (*Catalogue de Brevets d'invention* 1.1.-31.12.1863 1863 (1) No. 10, p. 326).
- In Condom gibt es das Châteaux Pomès-Pépérère, in dem aber schon seit 1820 von der Familie Faget Wein produziert wird. Über die kanalisierte Baise, einem Nebenfluss der Garonne wurde Wein nach Bordeaux transportiert.
- Ein Sieur Pomès hat sich 1864 um den Ausbau des Canal Alaric in den Haute Pyrénées gestritten (*Recueil des arrêts du Conseil d'État* 1864, p. 591).
- Ein Pomès war laut *Arrêt du ministre de l'instruction publique* am 14.8.1867 Instituteur communale (Lehrer) à Muret, 8 km südwestlich Toulouse (Haute Garonne).
- Ein möglicher Ort wäre Bagnères-de-Bigorre bei Lourdes, in dem es Thermen direkt neben der Kirche gab und in dem mehrere Pomès lebten, die sich in Straßennahmen niedergeschlagen haben: rue Joseph Pomès (Poète 1883-1928, zu jung) und rue Jean Pomès. Passt zu J. Einer war Spezialist für Flechten und Abbé (Édouard Lamy de la Chapelle, Lichens de Cauterets, Lourdes et ses environs, 1884). (57, 135)

Jean-Jacques Prigent. Jurastudent. 1871 ein Patent (Brévet No. 91415) für eine mechanische Libelle, »machine aérienne dite libellule mécanique« (*Description des machines et procédés.* Tome 2, 1871). Er hinterließ keine weiteren Spuren. Ist er im Krieg gegen Preußen gefallen oder ein Opfer der Kommune? (26)

Gustave vicomte de Ponton d'Amécourt (1825-85). S. 18-20
Münzsammler und Archäologe. Hatte Mathematik studiert. »La conquete de l'air par l'helice; expose d'un nouveau systeme d'aviation«. Paris 1863. Freund von Félix Nadar und Jules Verne. (52, 54)

William Quartermain (Quartermaine – bei Chanute, Quaeteenmaine). Geb. 1823 in der Grafschaft Oxfordshire. 1871 nannte er sich in London »Commercial Traveller« und bezeichnete 1881 seine Beschäftigung in der County of Wiltshire im Südwesten Englands mit »Scientific Aeronautical Engineering« (The Genelogist.co.uk). Vielleicht war er auch Bierbrauer: The small brewery in Wimbledon village first recorded in 1832 was taken over by William Quartermaine in 1880. Er war nicht Mitglied der *Aeronautical Society*, obwohl er bis 1872 häufig als Diskutant oder Vortragender erwähnt wird. Wollte er nicht, oder hat man ihn nicht reingelassen? Im *Annual Report* 1868, S. 34 schildert er die physikalischen Voraussetzungen für den Vogelflug: Density and velocity. Chanute erwähnt den auf der *Aeronautical Exhibition* 1868 vorgestellten Flugmotor (The Chrysalis) und kritisiert dann Quartermains

Überlegungen von 1890, man könne mit Menschenkraft fliegen. Die Veröffentlichungen spiegeln diese Entwicklung wider. Der von Chanute erwähnte Brief in *The Engineer* (20.5.1892, S. 440) »The last trial with Quartermains Aerotransitor« wurde am 15.5.1892 aus East Dereham/Norfolk geschrieben.

1. The air navigated by man upon the principles adapted by the Creator for sustaining all flying animals. London, 1860 (10,964) „Subject list of works on aerial navigation and Meteorology, in the Library of the Patent Office«.
2. Quartermain, W. The expansive force of gunpowder as a motive power; and a description of the engine and car suitable for its application to air navigation. London. 1869 (10,963).
3. Quaeteemaine (sic!) On the angle of impact of the air on surface. Fifth *Annual Report of the Aeronautical Society of Great Britain*, 1870, Greenwich, pp. 54-65.
4. Quartermain. Economy of energy in old flying machines. *The English Mechanic and World of Science Magazine*, Vol. 58, 1894, London, p. 332 (populärwissenschaftliche Zeitung).
5. Patent: Quartermain, William, britisch No. 2339, Flying machine, BA1893
6. Patent. 1884 Title: An Aerotransit Motive Engine. Box 6, Museum of Flight Archives, Seattle USA. Early Aviation Patents. ID 2004-6-24L.(info@seattlefoundation.org).
7. Patent. Quartermain's improved aerotransive carriage; its all-sufficient motor being manual weight-power and muscular-power combined **O.C/2298** *1887* (Catalogue of Original Communications (O.C.S) Institution of Civil Engineers. The National Archives, Kew, Richmond, Surrey, TW9 4DU. Patent unter Quarterman! (Folder 204, Pat. 2,339) (16)

Watson Fell Quinby (1825-1918). S. 80
Studierte im *Jefferson Medical College of Philadelphia* und bereiste nach seinem Abschluss 1847 die Nord- und Südstaaten der USA, ließ sich erst in Dover/Delaware, dann in Mobile/Alabama nieder. Auch dort hielt es ihn nicht lange. Mit den »California Pioneers« machte er sich 1849 erneut auf den Weg, tauchte drei Jahre später in Delaware auf und landete 1863 endgültig und verheiratet in seinem Geburtsort Wilmington. Während des »mexikanischen Krieges« trainierte er eine Heimatschutztruppe. (Cleave's Biographical Cyclopædia of Homœopathic Physicians and Surgeons By Egbert Cleave, 2002). (32)

Charles Renard (1847-1905). S. 56
Französischer Militäringenieur. 1884 Konstrukteur des ersten lenkbaren Luftschiffes *La France*. (164, 169)

Emmanuel Renoir. S. 53
1868 ein Patent für ein spezielles Signal, das auf zwei Telegraphenlinien ver-

schickt werden konnte. Franz. Patent Nr. 105,727 vom 18.11.1874 für ein »voile sous-marine« (*L'Aéronaute* 11/1878). Assoziiertes Mitglied in der *Société française de navigation aérienne* erst seit 1885, obwohl er vor allem in den 70er Jahren zahlreiche experimentelle Beiträge mit Helikoptern geliefert hat. Später machte er auch Versuche mit Drachen. Zum letzten Mal ist er im *L'Aéronaute* 1909 zu finden. 1882 ein Patent auf einen Gasofen, 1883 eines auf eine elektrische Batterie, basierend auf Wasserstoff und Sauerstoff, 1884 auf einen Wasserzähler (da wohnte er in der *rue des Capucines* No.2), 1897 auf eine automatische Türe. Sie alle, wenn es sich um Emmanuel Renoir der *Société* handelt. (58)

C. Ring. Aus Hjorring/Dänemark. Im 21. *Annual Report* der *Aeronautical Society* wird seine Beteiligung an der 2. Ausstellung im *Alexandra Palace* 1885 ausführlich dokumentiert. Er gewann einen Preis im »Balloon contest«, stellte »wing-propellers« und eine besonders leichte »gun-cotton-engine« (Schießbaumwolle) vor (S. 6, 15, 22). (161)

Aimé Olivier de Sanderval (1840-1919). S. 66
(158)

Marc Seguin (1786 Annonay – 1875 Annonay). Ingenieur. Theoretiker der Wärme mit der praktischen Konsequenz der Erhöhung des Wirkungsgrades der Stephenson'schen Dampfmaschine. Ab 1825 Dampfboot und leichte Hängebrücken (z.B. auf eigene Kosten zusammen mit seinen vier Brüdern zwischen Tournon und Tain l'Hérmitage). Ab 1829 Bau von Lokomotiven. Mit seinem Bruder Konstrukteur der ersten Eisenbahnlinie Frankreichs zwischen St. Etienne und Lyon (fertiggestellt 1832). Seit 1838 für fast 20 Jahre im von den Montgolfiers zur Papierfabrik gemachten Kloster von Fontenay als Ingenieur mit Verbesserungen der Papierherstellung befasst. 1846-49 Konstrukteur eines Flugapparates und Veröffentlichungen zur Möglichkeit des Fliegens schwerer als Luft: »Mémoire sur l'aviation ou navigation aérienne, par. M. Seguin ainé«. Extrait du *Cosmos*. Paris 1866, 334-352. Er schlägt einen Flugapparat vor, dessen Flügel die der Vögel sein sollen, und er rechnet aus, wie stark die Motoren sein müssen, um das Gerät zu heben (nach Newton). Aber es ist ihm überhaupt nicht klar, weshalb die Vögel oben bleiben. Seinen Lebensabend versüßte er sich mit der Leitung einer Schokoladenfabrik in Tain-l'Hérmitage. 19 Kinder mit zwei Frauen, zwischen dem ersten und dem letzten lagen 47 Jahre. Familiär mit den Montgolfiers verbandelt. (116)

P. (oder **P.L.**) **Senecal.** Aus London. Langjähriges Mitglied der *Aeronautical Society*. Machte kleine Papiermodelle, um die Stabilität des Fluges zu untersuchen, und ließ sie im Hyde Park fliegen. 1879 mit seinen Modellen Beteiligung an der *Workmen's international exhibition* in der Victoriastreet, London. Er war sehr wahrscheinlich Uhrmacher. Ich habe zwei Senecal gefunden, die mit P. L. kompatibel sind: Pierre Le Senecal, geb. 1844 in Frankreich, Census 1891 wohnhaft in London City, und Pierre Louis Le Senecal, geb.

1839 Calvados / Frankreich, Census 1901 wohnhaft Chelsea / London. Chanute hält »M. Sénécal« für einen gebürtigen Franzosen. Das Mitglied der *Aeronautical Society* P. Sénécal (auch dort mit accent) wohnte bis 1876 in 95, *High Street, Kensington*, 1877 in der *Brompton Road*, wie der Uhrmacher und Juwelier Louis Senecal. Er musste 1869 Konkurs anmelden (*London Gazette* 9.1.1877). Möglicherweise fiel Sénécal in der *High Street* 95 der dort seit 1876 laufenden Stadtsanierung zum Opfer. Im selben Haus war Joseph Tom's jewellery shop, in dem er nach seinem Konkurs vielleicht arbeitete. 1901 war er als P.L. Sénécal *Honory Secretary* im *The Aeronautical Institute and Club, St. Brides's Foundation, Ludgate Circus, EC* und noch 1910 war er als Präsident des *Aero Club Kensington* aktiv. Sein Sohn L. (Louis?) Senecal war ebenfalls Aeronaut. (*Flight First Aero weekly in the world,* London. No.1 am 3.12.09. Der gesamte Jahrgang 1910 unter: http://www.flightglobal.com/pdfarchive/view/1910/1910%20-%200347.html). (131)

Richard Edmund Shill (1825-1890). Aus Mile End / London. Ingenieur. Er konstruierte die auf der ersten Aeronautischen Ausstellung in London 1868 präsentierte leichte Dampfmaschine, die Moy in seinen »Aerial steamer« einbaute. 1893 ein Patent auf eine Vorrichtung zur Trennung von Erzen. (126)

Joseph Simmons (1834-1888, mit dem Ballon abgestürzt). Ingenieur, Aeronaut. Chanute referiert aus *L`Aéronaute* 1876/04 und 11 seine missglückten Versuche, mit leichten Segeln und doppelten Drachen, die zur Lebensrettung eingesetzt werden sollten.

Am 14.7.1884 meldet *die New York Times*, er sei des Meineids überführt worden. Er war in einem verunglückten Zug und hatte danach verschiedene Symptome simuliert wie Verlust des Geruchssinns, Verlust des Gedächtnisses, hatte verneint, jemals ein Bruchband getragen zu haben und falsche Angaben über sein Einkommen gemacht. Statt 5 000 Pfund Schadensersatz zu bekommen, wurde er auf Zahlung der Gerichtskosten verdonnert und bekam für den Schaden einen »farthing«, Heller. Wegen des Meineids wurde er zu zweijährigem Straflager mit Zwangsarbeit verurteilt, eine gerechte Strafe nach Meinung des Redakteurs (Punished well for Lying). Die Eisenbahngesellschaften müssten vor solchen dreisten Lügnern geschützt werden. Simmons muss in großen Geldnöten gewesen sein. Die *London Gazette* vom 9.3.1877 berichtet von einem gerichtlich angeordneten Termin zwischen ihm und seinen Kreditgebern. (177)

William Smyth. Aus Darton, Castleberg, County Tyrone, Ireland. Er trat als »Dr. W. Smyth L.R.C.P.Edin.« auf, war demnach »Licentiate of the Royal College of Physicians« von Edinburgh, heute würde man ihn Bachelor of Medicine nennen. Vielleicht war er zum Zeitpunkt seines Patents 1867, als er in Camberwell im Süden Londons wohnte, Arzt im *Camberwell House* in der *Peckham Road*, einer ehemaligen Schule der *Royal Navy*, die seit 1845 als »Lunatic Asylum« (Irrenanstalt) fungierte. Sein Patent No. 1,392/1867 (*London Gazette* 24.5.1867) war ein zylinderförmiges Flugzeug mit Propellern für

Vor- und Auftrieb. Im *Annual Report* der *Aeronautical Society* 1867, S. 32-42 entwickelte er seine Vorstellung eines leichten Flugzeugmotors mit Wänden aus Gummi und Antrieb mit Wasserstoff- oder Kohlegas, elektromagnetisch gezündet. Flugzeugrahmen aus Bambus mit Seidenüberzug. (111)

John Kinnersley Smythies Esq. (1808-92). Lynch Court, County Hereford (dessen Besitz er zusammen mit seinem Bruder 1854 für 25 000 Pund verkaufen wollte und deshalb mit dem Makler aneinander geriet), »Barrister- at-Law, Recorder of Ludlow«, also Anwalt und Stadtrichter oder Stadtsyndicus dieser Kleinstadt nahe der walisischen Grenze. Es gibt von ihm einen »Essay on the Theory of Attraction« in: *Philosophical Magazine and Journal*, 1850, ein Patent von 1856 »improvements in apparatus or instruments for ascertaining the points of the compass, and the lattitude and longitude of a place«, das Patent No. 561 für »Flying engine« von 1860. »Problems of the motion of atoms, London 1885. In *The Engineer* vom 24.1.1868 eine herablassende Notiz zu seinem Fluggerät, das mithilfe eines dampfgetriebenen flatternden Vogels Passagiere transportieren sollte. Damals wohnte er in Paddington/Middlesex, Luke's road. Sein Sohn John Palmer Smythies ging 1871 als Eisenbahningenieur nach Argentinien, kaufte Ländereien und wurde 1892 von einem »native« ermordet. Chanute stellt sein Gerät vor, weil es zwei Neuerungen enthält: den Gebrauch der Flügel als Dampfkondensator (s. Maxim) und den Versuch, während des Fluges den Schwerpunkt zu verändern. (92)

Charles Green Spencer (1837–Juni 1890). Chanute beschreibt den auf der Ausstellung im *Crystal Palace* gezeigten Glider, mit dem »Charles Spencer« nach Anlauf von einem Hügel herab 40-50 m weite Flüge unternommen haben soll. Es kann sich nur um Charles Green Spencer gehandelt haben, da seine Söhne mit Charles im Vornamen zu diesem Zeitpunkt Kinder waren. Die gesamte Familie, selbst die Frauen, so auch Louise, die Frau von Thomas Green Spencer, war über Generationen flugbegeistert. 1862 gründete er den *London Aeronautical Club*, aus dem die *Balloon Society* hervorging. Charles Green Spencer machte gute Geschäfte mit Turngeräten, u.a. für die *Navy*. Die ihm nachgesagte Entwicklung von Fahrrädern bestand in der Partnerschaft mit Thomas Dutton Templer Sparry, der nach der Trennung von Spencer 1875 ein Fahrradgeschäft betrieb, und in der Herausgabe des *Cycle Directory*, der die Einführung des Fahrrads in England propagierte. Neben seiner Ballonfabrik *C.G. Spencer & Sons* erhielt er 1872 mit Sparrow ein brit. Patent auf einen Bumerang und 1882 mit Joseph Alfred Fisher ein US-Patent für »Gliding – surface«, zur Anwendung in Luft und Wasser (*flyingmachines.ru/Site2/Crafts/Craft29707.htm) (16)*

Joseph-Eustache Crocé Spinelli (1845-1875). Stammt aus Montbazillac bei Bergerac. Absolvent der *École centrale* in Paris. Erfinder eines Wasserfahrrads, eines elektrischen Rollstuhls u.a. Starb in Ciron an Asphyxie bei einem Höhenrekordversuch (8600 m) mit dem Ballon zusammen mit Théodore Sivel. Nur Gaston Tissandier überlebte. Chanute interessiert sich für seine

Propeller, die er in einem Artikel im *L'Aéronaute* 1870/04 mit dem Titel »Propulsors« vorgestellt hat. (58)

John Stringfellow (1799 Sheffield – 13.12.1883 London). S.75
Ingenieur in Chard/Somerset im Südwesten Englands. Arbeitete wie Henson für die Schnürsenkelindustrie, stellte Spulen und Wagen her und eine Batterie zur Elektrotherapie. 1848 mit Henson in einer stillgelegten Schnürsenkelfabrikhalle in Chard der erste motorgetriebene Flug ihres Modells. In Chard auch Zusammenarbeit mit Frederick Marriott, der später in San Francisco die *Aerial Transit Company* unterstützte. Biographie von Harald Penrose, An Acient Air. Washington, Smithsonian 1989. (84, 113)

Gustav de Struvé (Gustav von Struve 1833-82). Oberstleutnant der Ingenieure in St. Petersburg laut *London Gazette* 1864. Er war Militäringenieur wie sein Bruder Amand Yegorovich (1835-98). Ihre Vorfahren standen seit dem XVIII. Jahrhundert in russischen diplomatischen Diensten. 1871 *Kolomna Maschinenbaufabrik* im Gouvernement Moskau mit 5000 Arbeitern. Produziert wurden Lokomotiven, Waggons, Schiffe und Eisenbahnbrücken. Zu ihnen gesellte sich Anton Lessing aus Oberlahnstein, der in Birmingham/England bei der Firma *Lindner Co.* Leiter der Exportabteilung nach dem Osten war mit einem Handelskontor in Petersburg. Er lieferte englisches Eisen an die Gebrüder Struve. Amand Struve baute die berühmten Brücken über den Dnepr bei Kiew und über die Oka bei Kolomna. (24)

Henry Sutton (3.9.1856 Ballarat, Victoria, Australien – 28.7.1912). Lehrer an einer Bergbauschule in Australien. Produktiver Erfinder: Telephone, Glühbirnen, Batterien, Radios, Vakuumpumpen etc. Eine ausführliche Dokumentation aller seiner Erfindungen und wissenschaftlichen Netzwerke in: Austin Mc Cullum, Australian Dictionary of Biographie, Vol. 6 (MPU), 1976. Chanute weiß zu schätzen, dass er auf Patente keinen Wert legte, und stellt seinen durch ein Uhrwerk angetriebenen Ornithopter vor. (33)

Victor Tatin (1843-1913). Ingenieur, Mitarbeiter von Marey. In seiner Jugend begeisteter Segler. 1899 konstruierte er in kurzlebiger eigener Firma ein 2,5 PS starkes dreirädriges Automobil. (137)

Nicolas de Telescheff. Aus St. Petersburg. Ehemaliger Kapitän der Artillerie der russischen kaiserlichen Garde. 1852 ein Patent für einen Luftkompressor, 1861 zusammen mit Struvé ein Patent für einen Ornithopter, der 120 Menschen tragen und 30 km/std. schnell sein sollte. 1863 ein Patent für leichteres Stoßen und Schneiden von Metall, 1864 ein Buch über Feldartillerie. 1864 angeblich ein deutsches Patent unter Teleschow (ein deutsches Patentrecht gibt es erst seit 1877) für ein »fixed-wing aircraft«, 1868 ein Patent für einen pflanzlichen Ersatz für Tierhaare und für einen Beschleuniger zum Abbinden von Zement. 1883 ein britisches Patent No.1824, für Navigable balloons, BA1893. Mitglied der *Société d'encouragement pour l'aviation ou locomo-*

tion aérienne au moyen d'appareils plus lourds que l'air. Hauptquelle: Jules Duhem, Histoire des origines du vol à réaction, 1959, S. 166. (24)

Félix du Temple de la Croix (1823-1890). S. 55
(90)

Jean Louis Antoine du Temple de la Croix (1819-89). S. 55
Die Gebrüder patentierten 1857 ein Fluggerät mit Hochdruckdampfmaschine (locomotion aérienne par imitation du vol des oiseaux), den *canot planeur* und eines mit Heißluft betriebenes am 28.4.1876 (chaudière à vapeur à circulation rapide donnant la plus grande surface de chauffe possible sous le plus petit volume et le moindre poids), den *Le Monoplane*, den sie 1878 auf der Expo in Paris ausstellten. Angeblich soll damit bereits 1874 in der Nähe ihrer Werkstatt im alten Arsenal von Cherbourg ein junger Marinesoldat einen Flugversuch unternommen haben. Die Experimente bezweifelt Chanute, der darüber außer einer vagen Angabe bei Tissandier nichts gefunden hat. Seiner Meinung nach zeigen die beiden Flugmaschinen das nicht gelöste Maschinenproblem in aller Deutlichkeit. (91)

John Thompson. S. 45
Aus Victoria, British Columbia, Canada. US-Patent No. 225396 vom 9.3.1880. Victoria Census Records 1901: A Thompson family household of at least 7 members residing in the district of Victoria (British Columbia) was recorded in 1901. The head of household, John Thompson, was born in „England» in 1851. Identifying his heritage as Irish, John immigrated to Canada 23 years prior in 1878 when he was 27 years old. By 1901, at the age of 49, he had an occupation that was recorded as „Vic Pilot» (Lotse in Victoria). Als Zeuge bei seinem Patentantrag fungierte Edgar C. Baker, ein »Secretary Pilot Board«. (196)

Gustave Trouvé (1839-1902). Ingenieur, Erfinder: Beleuchtungskörper, Mikrophon, Elektromotor, Ohrenspiegel etc. Absolvent der *École des Arts et Métiers* in Angers, Uhrmacher in Paris. Gründer einer Kompanie für Erfindungen. In einer »Mémoire présenté par G. Trouvé, le 24 août 1891 à *l'Académie des Sciences*« nannte er seinen Ornithopter u.a. »Hélicoptère Électrique Militaire Captif«, einen gefesselten elektrischen Militärhubschrauber. Biographie von Kevin Desmond, A la Recherche de Trouvé. La quête d'un génie français oublié. Édition Pleine Page Bordeaux, 2012. Der mechanische Vogel, der von einer einfachen, aber trickreichen Hängevorrichtung aus gestartet wurde, hat Chanute fasziniert. (36, 69, 215)

Henric Christian (de) Vogt (1848-1928). Chanute nennt ihn de Vogt. Aus Kopenhagen. »Naval experimentator«. Sprach 1893 auf der ersten *International Conference on aerial navigation held in Chicago* über »air propeller or revolving sails«. Der von Chanute erwähnte Vortrag vor der britischen *Aeronautical Society* 1888 ist in deren Reports anscheinend nicht aufgenommen worden. 1874 wird de Vogt als Mitglied der *Aeronautical Society* wohnhaft 23 Gloucester Palace, Hyde Park, London genannt. Im selben Jahr das britische Patent No. 81 für eine »Flying machine«, ein Rahmen mit leicht konvexen Flügeln aus Federn, die sich beim Aufwärtsschlagen öffnen und beim Niederschlag schließen, angetrieben von Propellern. De Vogt, Freninges und *Dahlstrom & Lohmann* machten wohl gemeinsam Versuche in den *Royal Dock Yards* von Kopenhagen. Vogt entpuppte sich nach dem 1. Weltkrieg als Entwickler von Windmühlen mit flexiblen Segeln und Drehturm, die sich der Windrichtung anpassen sollten. (66)

James C. Walker. S. 80
Patent vom 12.1.1892, No. 467,069. »Judge James C. Walker of Waco had his patent application filed on June 12, 1891, for an airship designed for vertical takeoff and landing, using ducted fans for lift and propulsion principals used on today's vertical takeoff and landing aircraft« (Texas Lore Full Of Fliers Before Flying Was History). Am 8.10.1867 ein »Patent for improvements in hot air, harmonic steam, and water gauges«. Er nannte ihn Steam-Boiler-Indicator (US-Patent No. 69,729). »In 1888, James Walker of Texas was granted US Patent 624271 in which channels along the underside of boats contained air that would be captured in the adjacent channel as it tried to escape«. Das ist sein Luftkissenboot.

Der britische Kunstflieger Nick Pocock hatte sich um 1970 in Waco niedergelassen und sich für die frühe Fluggeschichte interessiert. Er veröffentlichte »Did W. D. Custead Fly First?«, China Spring, Special Aviation Publications 1974. Pococks Papiere werden von der *Baylor University* in Waco gehalten, darunter auch Fotografien, u.a. von Walkers Haus. (65)

John B. Ward (1825 Irland – 1889 San Leandro). S. 99
(64)

Francis Herbert Wenham. S. 27-29
(59, 99, 174, 231)

Charles-Louis Weyher (1836 Straßburg- 1916 Château de Bois-Salaire / Mayenne). Ingenieur. 1872 wohnhaft in Pantin/Seine, wo er einer der Leiter der *Société anonyme pour les Établissement Weyher et Richmond* war. Sie produzierten Dampfmaschinen vor allem zur Erzeugung von Elektrizität, die von großen Firmen und Handelshäusern zur Kostenreduktion ihrer Gasbeleuchtung eingesetzt wurden. Unter anderem vertreten auf der Pariser Weltausstellung 1878. Weyher war mit Blanche Denis, einer der Töchter des Industriellen Martin Denis verheiratet, der in Fontaine-Daniel mit 300 Arbeitern eine »tissage mécanique«, eine mechanische Weberei betrieb. Unter Laborbedingungen mit Hilfe eigens entwickelter Apparatur machte er in Pantin Wasser- und vor allem Luftwirbeluntersuchungen (Sur les tourbillons, trombes, tempêtes et sphères tournantes, étude et expériences«, Paris 1889 (2.ed.). Siehe auch: Ch. Weyer's Fundamentalversuche, *Polytechnisches Jour-*

nal Bd. 265, S. 403-407, 1887). 1904 vermachte Weyher seine Sammlung physikalischer Geräte der Universität von Liège. Nachruf in *Revue Scientifique* 1916, A 54, S. 348. Chanute zitiert aus *L'Aéronaute* 1890/10 die Beobachtung des Sperberflugs am *Aqueduc de Buc*. Dazu: C. Weyher, Oiseaux et aéroplanes (*Revue Générale des sciences pures et appliquées*, 15.12.1905). (77)

James Madison Wheeler (nicht I.M.!) Geb. 1839 (?). S. 83
(33)

Mitglieder der Aeronautical Society 1871

Council

Alexander, Andrew, Esq. Ingenieur, wahrscheinlich in den *Easton & Anderson metalworks* in Erith/Kent an der Themsemündung. Sie stellte Pumpen her, lieferte Zuckerfabriken nach Ägypten und verlegte sich schließlich auf den Bau von Geschütztürmen für die Marine. 1875 wurde er Manager der *Cyclops works of Charles Cammell and Company* in Sheffield, wo er mit der Verbesserung der Waffensysteme der Kriegsschiffe befasst war. Aus altem schottischem Adel. Sein Sohn Patrick Young Alexander (28.3.1867 in Erith/Kent – 1943) war Ballonfahrer, Meteorologe und Ingenieur, der wissenschaftliche Flüge in vielen Ländern absolvierte, 1893 eine »aviation school« gründete und aus eigener Tasche finanzierte (William Anderson, A History of Aerodynamics / Who is who in ballooning, online). Im *Annual Report* der *Aeronautical Society* von 1871 ein Beitrag »Aerial Flight as dependent on Man's Muscular Exertion«.

Argyll, Duke of (George John Douglas Campbell – Campbell Clan, 8th Duke of Argyll. 1823-1900). S. 25-31, 44, 109
Präsident des *Council.* Argyll war eng befreundet mit:
David Brewster, Initiator der *Society of Arts* und frühen Mitglied der *British Meteorological Society* (s. Glaisher). – Jonathan Frederick Pollock, Fellow of the *Royal Astronomical Society* und der *Geological Society,* Präsident der *Photographic Society of London* (1855-1869) – (s. Diamond), Mitglied des Parlaments, Generalstaatsanwalt unter Peel, Chef des Finanzgerichtshofs. – William Harcourt, Canon of York, aber begeisterter Mathematiker, der mit Murchinson, Sedwick, De la Beche u.a. die *British Association for the Advancement of Science* gegründet hatte. Harcourts Abkömmlinge waren alle Cousinen und Vettern von Argylls Frau – Richard Owen, Paläontologe, Gegner Darwins – Charles Summer. Führer der *Abolitionist Party* im amerikanischen Senat.- 3rd Duke of Sutherland

Brearey, Frederick William. *Honorary Secretary*. S. 27, 72

Bright, Sir Charles Tilston. S. 25

Brooke, Charles. Chirurg. *Meteorological Society* und zahlreiche andere.

Browning, John (1831-1925). S. 71, 142
Manufaktur wissenschaftlicher Instrumente, Spektroskopie, Optometrie, Barometer. Hat den Windtunnel von Wenham gebaut.

Diamond, Hugh Welch (1809-1886). S. 27
Psychiater, Private Heilanstalt für Frauen höherer Kreise, Fotograf. Mitglied

der ersten Stunde der *Photographic Society of London*, wie Glaisher, über den er wohl mit der *Aeronautical Society* in Kontakt kam.

Dufferin and Claneboye, Lord. Vizepräsident des *Council*. S. 31, 43, 115

Fairbairn, Sir William (1789 – 1874). S. 27, 51
Ingenieur, Mühlenbauer, Baumwollspinnerei, Röhrenbrücken, Dampfschiff zusammen mit Stevenson. Spezialist für Dampfkessel. Initiator der *Millwall Iron Works* in Middlesex/London. Fellow *Royal Society* (1850). 1854/55 Präsident der *Instituiton of Mechanical Engineers*, der er bereits seit 1830 angehörte. Fellow der *Royal Society of Arts*.

Glaisher, James (1809-1903). S. 27, 30
Grennwich Observatory. 1850 Mitbegründer der *British Meteorological Society* und ihr Sekretär, landesweite Messstationen. Seit 1849 Fellow der *Royal Society of Arts*. Organisierte ein riesiges Netz von Messstationen, in das er vor allem Beamte und Ärzte einband. Frühes Mitglied der *Photographic Society*, seit 1869 ihr Präsident (Mikrophotographie). Mitglied in der *British Association for advancement of science*. Ballonfahrer, sieben Aufstiege in große Höhe. In den 60er Jahren zusammen mit Henry Tracy Coxwell, C. Flammarion, W. de Fonvielle and G. Tissandier. Daher gute Verbindungen nach Frankreich, mit der französisch stämmigen Madame Belleville verheiratet. Freimaurer (Phoenix). Astronom und Meteorologe in Greenwich von 1838-1874. Der *Crystal Palace* in London/Sydenham bot sich als Ort der ersten aeronautischen Ausstellung quasi von selbst an, weil dort eine Vielzahl von Ballonaufstiegen stattgefunden hat, die wissenschaftlichen Zwecken dienten.

Grosvenor, Lord Richard (1837-1912). Vizepräsident der *Society*. Liberaler Politiker unter Gladstone. Ein Enkel des 1st Duke of Sutherland. Mitglied der *Royal Society*. War bei der Zerstörung des Sommerpalastes in Peking während des 2. Opiumkrieges anwesend, nachdem er die Vereinigten Staaten bereist hatte. Seit 1870 40 Jahre lang Direktor der *London and Northwestern Railway*. Propagandist eines Unterseetunnels zwischen Frankreich und England.

Hay, Lord John (1827-1916). S. 25-31
Mitglied der *Royal Society*. Flottenadmiral. Wie Argyll Mitglied in der *British Association for the advancement of science*. Auch so entstanden Netzwerke: Lord John Hay war der Sohn der 8th Marquess of Tweedale, der Bruder des Ornithologen Viscount Walden und von Elizabeth, Duchess of Wellington. Elizabeth wurde verheiratet mit Lord Douro, dem ältesten Sohn des früheren Tory Prime Ministers, 1st Duke of Wellington. Lord Douro wurde dann der 2nd Duke of Wellington. Seine Frau, die genannte Elizabeth, wurde 1861 durch den liberalen Prime Minister Lord Palmerston »Mistress of the

Robes«, Hofdame der Queen Victoria, und blieb dies mit einer Unterbrechung bis 1880 .

Le Feuvre, William Henry. Esq. (geb. 1832). Ingenieur. 1867 Präsident der *Society of Engineers London*. Mitglied der *Royal Society of Geology* London 1858 (wie Argyll). Direktor der *Submarine Company Jersey*, dort seit 1863 Organisator der Telegraphenlinie von Jersey durch Frankreich nach London. Beteiligt an den Wasserwerken, den Unternehmungen von Eisenbahn und Straßenbahn auf Jersey. »Several ventures in the UK«, u.a. produzierte er Eisenpaläste (iron kiosk) für die Kolonien als Fertighäuser. Wohnte in Kensington/London und auf Jersey.

Ohren, Magnus (gest. 1927). Ingenieur. Manager *Bell Green Gasworks Sydenham* (dort stand der *Crystal Palace* und von dort machte Glaisher zahlreiche Aufstiege). Seit 1870 Präsident der *Association of Gas Managers*.

Sutherland, 3rd Duke of (George Granville William Sutherland-Leveson-Gower (1828-1892). S. 25, 29-31, 88
Vizepräsident der *Aeronautical Society*. Parlamentsmitglied von 1852-61. Ehrenmitglied in der *Institution of Engineers and Shipbuilders* in Schottland. Finanzierte die *Sutherland Railway* aus eigener Tasche (250 000 Pfund). Teilnahme an der Krönung Zar Alexanders 1856 und an der Eröffnung des Suezkanals 1869 (ohne den Prince of Wales), Begleitung des Prince of Wales (des späteren Edward VII.) nach Indien 1876. Argylls Frau war seine Schwester.
Turnor, Christopher Hutton. Rifle Brigade. Ballonfahrer. Schrieb eine seltsam religiös gefärbte Geschichte der Ballonfahrt: Astra Castra: experiments and adventures in the atmosphere. 1865

Wright, Henry. Esq. S. 29
Schatzmeister der *Aeronautical Society*. Wohnte im Sutherlands Stafford House, St. James, der auch Marquess of Stafford war. Er war dessen Privatsekretär. Mitglied in der *British Association for the advancement of science*.

Mitglieder

Brown, David Stephens. Gentleman aus Wales, wohnhaft London. Vater Kapitän.

Burgmann, Charles. Eisenbahningenieur aus Dublin.

Burnaby (1842-1885). Captain, Royal Horse Guards (für 1200 Pfund gekaufter Posten).

Burton, Rev. Roger Taylor. M.A. Burton-upon-Trent zwischen Birmingham und Sheffield. Schrieb: Contemplations on Israel's Exodus Considered Allegorically.

Clare, Walter Frederick. Ingenieur.

Decruz, E. (wahrscheinlich Emiliano de la Cruz y Diaz, ursprünglich aus Gerona, Spanien). Hier aus Seetarampore Colleries in Bengalen. Mineningenieur in den Kohleminen von Raneegunge (Rangun). Hat 1871 die höchste Summe von 25 Pfund für den Experimentierfonds der *Aeronautical Society* gespendet. Mitglied in der *Institution of Mining Engineers.*

Crestadoro, Dr. Andrea (1808-79). Aus Genua, Philosophieprofessor in Turin. Chefbibliothekar der *Manchester Free Library.* Ein höchst erfinderischer Mensch, der auf der Ausstellung 1868 einen gasgefüllten Metallballon präsentierte und in seiner Bibliothek den unvollendeten Bau eines Segelapparates hinterließ uvm.

G.J. Crosbie Dawson (1888 Esq.). Ingenieur. 1867 Beteiligt am Bau der Seacombe-Fähre (Liverpool), beschäftigt bei der *London & North Western Railway.* Er wurde auch bei der *Lancashire and Yorkshire Railroad Company* geführt. 1866 Miglied in der *Society of Arts.* Frühes Mitglied der *Aeronautical Society.*

Delane, John Thadeus. Esq (1817-79). 36 Jahre lang der Herausgeber der *London Times* (bis 1877). Natürlich Fleet Street. Freizeitfarmer. Sagte von sich, er sei der letzte, der durch die Fleet Street auf dem Rücken eines Pferdes reitet.

De Villeneuve, Hureau. Paris. S. 62-65
Sekretär der *Société française de navigation aérienne.*

Garstang, James Henry. Ingenieur, Mühlenbauer, Eisengießer, zusammen mit Gerald Edward Willet (*James H. Garstang and Co. of Bank Top Foundry Blackburn*, Lancashire). Sie stellten z.B. eine »horizontal steam pump engine« her, die am Grund der Mine Wasser hochpumpte. Bankrott 1869. Nachfolger 1878 *Ashton, Frost and Co.* Seit 1870 Mitglied in der *Instituion of Mechanical Engineers* von Brimingham.

Greetham, Thomas. Bildete zusammen mit Edwin David Thomas Matthews eine Anwaltskanzlei (solicitor). Beide wohl Esq.

Gregory, John. Ist es der Ingenieur, der 1855 ein Loblied auf Wisconsin sang? »Industrial resources of Wisconsin«. Er sagt darin, dass er aus Europa gekommen sei, und beschreibt die schreckliche Degeneration der Upper Class in England und Irland. Und/oder: »Aerostation«. Letter to the editor from John Gregory. *The Penny Mechanic*, 1837, S. 87-88. (Finding Aid of the *James Carruthers Memorial Aviation Collection of the Institute of Aeronautical History* H1950.2).

Haghe, A. Das ist Axel Haig (1835-1921), ein sehr bekannter viktorianischer Künstler mit Hang zum Mittelalter. In Schweden geboren, Ausbildung zum Schiffbauer in Glasgow. Es kann sich nur um diesen handeln, denn er wohnte in Fern Lodge, Stockwell Green.

Hall, George Samuel. Ist es der? 1831-95, gest. in Ilse of Ely/Cambrigdeshire. War 1868 Clerk im County Court of Cambridgeshire. Das Mitglied Hall wohnte 1871 allerdings in Springfield House, Acton/London. Der Ingenieur Samuel Hall war 1863 gestorben. Er hatte einen Kondensor für Salzwasser konstruiert, der in den Dampfkesseln von Schiffen eingesetzt werden sollte. Für ihn gibt es mehr als 20 Patente. Ist George Samuel sein Sohn? Und war er Kapitän für Neuseeland? Viele Halls waren Ballonfahrer.

Harrison, Archibald Stewart. Hatte als »Builder, Decorator and Contractor« eine Partnerschaft mit Henry Wood, aufgelöst 1884 (*London Gazette* 9.9.1884). Städtischer Angestellter in London 1860.

Harte, Richard. Schrieb: »On the laws and customs relating to marriage, being a paper read before the *Dialectical Society*«. London 1870. Die *Dialectical Society* war 1867 gegründet worden, um den Spiritualismus zu untersuchen. Harte veröffentlichte dazu einen Bericht. Um 1871 korrespondierte er mit Darwin. In der *Aeronautical Society* stellte er ein »aileron« (Querruder) vor und beschäftigte sich mit den Propellern von Wenham. Mitglied der *Theosophical Society of London*, Mitherausgeber des *Theosophist*, wurde sogar ins Italienische übersetzt: »teorie della cospirazione ebraica,con la pubblicazione del *Talismano ebraico* di Richard Harte nel 1888 da parte della *Theosophical Society* di Londra« (Cristiano Grottanelli, Le funzioni, le caste e i fuori-casta: Gobineau, Nietzsche, Jacolliot).

Hodges, F. *Hodges & Son* waren »Elastic Web Manufacturers on the Welford Road, Leicester« Ein F. Hodges war 1891 zum 50-jährigen Bestehen der Bahnlinie von Leicester nach Loughboro eingeladen.

Holland, Robert (1808-77). Jurist, Whig-Politiker, Ballonfahrer mit Charles Green und Thomas Monk Mason. 1834 Rekordfahrt nach Weilburg, eine Distanz, die 30 Jahre lang nicht übertroffen wurde.

Hutchins, Henry Edward. East Bridgford, Ratcliffe, Nottinghamshire. Gehört zur Region um Manchester. 1864 noch in Gilston, County of Hertford. Am 21.3.1864 Patent für eine verbesserte Ladevorrichtung für Gewehre und Kanonen miit dazugehöriger Munition. 1871 eines für Schlüssel und Schlösser. Einige Hutchins waren Mitglieder der *Institution of Mechanical Engineers*.

Ingall, W.T.F.M. (William Thomas Fitzherbert Mackenzie), Esq., gest. ca. 1903. Greenhithe, Kent, married Joan Drew of Ireland. Händler für ausländische Anleihen in Partnerschaft mit seinen Söhnen und Henry Wyndham Burrowes.«Senator for the Stock exchange«und 1878 im »Council for foreighn stockholders«. Schrieb 1870 »Ingall's Tables of Drawings of foreighn stocks: drawn at par«, also Anleihen zum Nennwert, und 1872 ein »Foreighn Stock manual: A compendium of stocks by foreighn government«, ein Handbuch über Staatsanleihen, das auch ins Französische übersetzt wurde. Er war stark involviert in die Finanzierung von Eisenbahnen überall auf der Welt, vor allem in Südamerika (Kolumbien, Venezuela) und spielte eine große Rolle in der Londoner Finanzwelt (Godefroi D. Ingall, The Stock Exchange London 1904).

Jay, R.C. S. 117

Jennings, William, F.R.G.S.(Fellow of the *Royal Geological Society* seit 1854). M.A. Esq. wohnhaft 13, Victoria Street, Westminster/London. (s. auch Le Feuvre und Grosvenor). Hatte William Jennings etwas mit dem groß angelegten Bau von Abwasserkanälen in London zu tun (sewage)? Oder gar mit dem Erfinder des WC, George Jennings? 1871 haben *Lovegrove & Jennings* ein Patent zur Belüftung unterirdischen Kanäle erhalten. In Hereford ein Hinweis auf den Geologen William Jennings in der geologischen Sammlung. In London war der Sitz der *Institution of Civil Engineers* in der Victoria Street No.6, in der Nähe seiner Wohnung.

Jesse, A.H.H. Exchequer Audit Departement, Somerset House. Was für ein Gebäude! Exchequer ist das Schatzamt und das Audit Office das Rechnungsprüfungsamt. Dort residierten auch die *Royal Society*, die *Geological Society*, die *Astronomical Society* und die Admiralität. Es war die ursprüngliche Residenz von Elizabeth I. (Peter Cunningham, Hand-Book of London, 1850).

Kitson, James. Esq. Chemiker, zusammen mit seinem Bruder eine große Eisengießerei in Leeds. Liberaler Politiker und Gladstone. Mitglied in der *Institution of Civil Engineer* und der *Institution of Mechanical Engineers*.

Krueger, William G. S. 78

Latham, Baldwin (1836-1917). Er war der Präsident der *Society of Engineers* und mit der Kanalisation von London und 15 weiterer Städte befasst. Schrieb 1878 »Sanatary Engineering«. Meteorologe (Oxford DnB).

Lauder, Sir Thomas Dick of Fountainhall, 9th Baronet (1846-1919). Schottischer Aristokrat und »Knight of Justice in the Order of St. John Jerusalem«. Mitglied des *Army and Navy Club*, des *Carlton Club*, des ältesten und konservativsten Clubs von London, und des *New Club* in Edinburgh, des ältesten in Schottland. Ein großer Netzwerker unter den Parlamentariern.

Lewis, Edward (gest. 1873), Ebury Villas, Teddington. Lithograph. Hat zusammen mit G. Bohm in San Francisco Lithografien für Ernest Seyd »Callifornia and its Ressources«, London 1858, gemacht. Hat er auch für die *Aeronautical Society* lithographiert?

Lewis, J. 1, John Campbell Road, London. War nicht abschließend zu klären. Es gibt einen J. F. Lewis, Lieut. R.E. (Corps of the Royal Engineers in der Armee und der *Navy*) in 72 Bedford gardens, Campden Hill, Kensington, der 1870 mit dieser noblen Adresse Mitglied der *Royal Society of Geology* London wurde. Er war wohl mit Festungs- und Brückenbau und mit Belagerungsgerät befasst. Der könnte sehr gut passen. Ein John Lewis wurde am 15.7.1871 Leutnant im 4th Glamorganshire Rifle Volonteer Corps. Der Ingenieur John Lewis aus Preston hat 1868 zusammen mit Richard und Edward Alston ein Patent auf Verbesserung an beweglichen Feuerwänden erhalten. Henry Thomas Tubbs und Joseph Lewis bebauten 1868 einen Teil der Clerkenwell Road.

Lindsay, Lord (1847-1913). James Ludovic (Lindsay), 26th Earl of Crawford and 9th Earl of Balcarres, 3rd Baron Wigan, K.T., LL.D., F.R.S. 1871 Fellow der *Royal Astronomical Society*. »Observations on the total ecliptic of the sun« in Cadiz im Dezember 1870 von der *Le Maria Luisa Vineyard* aus. Er arbeitete mit einem Sternspektroskop von Browning. Besaß die wohl größte Privatbibliothek wertvoller Bücher in Großbritannien. Konservatives Parlamentsmitglied von 1874-1880. Philatelist und bekannter Freimaurer. Ein spendabler Mensch, der viel zur Errichtung der Sternwarte in Edinburgh beitrug.

Longridge, James Atkinson. Berbauingenieur. Aus verschiedenen Nummern der »Transactions of the North of England *Institute of Mining and Mechanical Engineers*«: 1848 »coal owner«, Besitzer einer Kohlegrube der Barrington Main Colliery. 1852 im Council des *North of England Institute of Mining and Mechanical Engineers*, seit 1870 einfaches Mitglied. 1870 folgende betätigte er sich als Liquidator der *Mont Cenis Railway Company* des Duke of Sutherland mit Sitz auch in Paris (*London Gazette* 12.8.1870).

Lüdeke, J.Ernest F.(Johann Ernst Friedrich). Stammte aus Hannover, das noch britisch war, und wohnte in Wolverhampton, »gentleman«. Er erhielt zwischen 1852 und 1865 eine ganze Reihe britischer Patente für Verbesserungen der Kraftausbeute von Maschinen, die er mit Hilfe der kapillaren Attraktion von Flüssigkeiten erreichen wollte. Sie wurden unter »unworkable device« geführt.

MacDonald, Colonel (1838-1905), Commanding 7th Rifle Depot Battaillon Winchester. Eigentlich George R. Shobto aus Exeter und dort nach seinem freiwlligen Militärdienst Town Clerk. Erfahrungen im Krimkrieg. Colonel Willoughby Vebner, The Rifle Brigade Chronicle. London 1905.

Marriott, Frederick. S. 87

Matthews, Edwin (David Thomas). Esq. Führte zusammen mit Greetham eine Kanzlei. Solicitor. Hat dieser Matthews etwas mit den Vorbesitzern von Ballywalter Park zu tun? Siehe William Gibson und Lord Dufferin.

Maxwell, Captain, Robert James, *Army and Navy Club* (seit 1859). Captain im 80th Regiment. Ein höchst nobler Palast im venetianischen Rennaissance-Stil (Pall Mall). 1851 600 Mitglieder, die 40 Pund Clubbeitrag zahlen konnten, mit einer Warteliste von mehr als 800. Die Mitglieder wurden gewählt und hatten zu 95% einen Rang ab Captain aufwärts. Royal Patronage.

Michaels, J. Porter (Portier) im Palais Todesco (500 Zimmer) in Wien des Eduard Freiherr von Todesco (1814-87), einer sehr reichen jüdischen Familie rumänischen Ursprungs. Der Freiherr war Banker, Unternehmer (u.a. das Textilunternehmen Marienthal) und Philanthrop, sein Palais im Stil der Neo-Rennaissance. Seine Frau Sophie Gomperz führte einen der einflussreichsten Salons in Wien. Todesco war u.a. Direktor der *Kaiser Ferdinand Nordbahn*, die von 1839 bis 1856 unter großem Geldeinsatz von Salomon Rothschild Wien mit Krakau verband. Beim Bau waren englische Ingenieure und Konsortien beteiligt, vielleicht Sutherland. Wie kommt der Portier aus Wien in die *Aeronautical Society*? Wahrscheinlich über die älteste Tochter Todescos, Fanny, die 1864 Henry de Worms heiratete, dessen Großonkel Samuel Mayer de Rothschild war und dessen Vater über riesige Plantagen auf Ceylon verfügte und seit 1865 in London als Börsenmakler tätig war. Sie lebten in London.

Moilliet, James Keir (1836 – 1906). Bishop's Frome Bromyard Herefordshire. Der reiche Erbe der Bank *Moilliet & Sons* in Birmingham. 1865 wurde die Bank von der *Lloyds Banking Company* geschluckt und Moilliet bis 1877 ihr Direktor. Großvater James Keir war der Erfinder eines Prozesses zur Verarbeitung von Kautschuk und mit einem Prozess zur Herstellung von Soda der Begründer der chemischen Industrie.

Morrieson, R. Colonel. *Oriental Club*. 1824 vom Duke of Wellington gegründet. Voraussetzung für die Mitgliedschaft war eine Tätigkeit im »public service of His Majesty«, der *East-India-Company* oder in irgendeinem Teil des Ostens, der zur *Royal Asiatic Society* gehörte. Auch Mitglied im *Quekett Microscopical Club*. 1854 war er Offizier in der *Native Infantry Bengalen*.

Moy, Thomas. S. 37, 124

Mullner, Felix (?) Northampton / Pennsylvania. Stammt wahrscheinlich aus dem Burgenland.

Murray, Captain *Royal Navy*. Murraythwaite, Ecclefechan. New Brunswick (Kanada). Alter schottischer Adel.

Nees, Christopher. Telegraph Director. Elsinore, Denmark

Newman, Frederick (1837-86). Esq. C.E. 51, Belsize Road. St. John's Wood. Seit 1868 Fellow der *Geological Society* of London.

Norman, John Musgrove. 15, Old Jewry Chambers. Seit 1862 Manufaktur für Telegrafen, die *John Musgrove Norman as Tyer & Norman* in London (Distant Writing. A History of Telegraph Companies in Britain between 1838-68)

Olrick, Lewis. C.E. 27, Leadenhall Street. 1871 zusammen mit Edward Field ein Patent auf ein Sicherheitsventil.. Es gibt eine Firma *Olrick & Co.*

Osler, Abraham Follett (1808-1903). F.R.S. Birmingham. Meteorologe, der 1842 eine öffentliche astronomische Uhr als Referenz für eine exakten Zeitmessung vor der *Philosophical Institution* in der Cannon Street aufstellte. Sie wurde später mit der *Greenwich Mean Time* synchronisiert und telegrafisch die Grundlage für den Zugfahrplan.

Perigal, Henry Jun. 9, North Crescent, Bedford Square. Börsenmakler, Freizeitmathematiker, Mitglied der *London Mathematical Society,* der *Royal Astronomical Society* und Schatzmeister der *Royal Meteorological Society.*

Phillips, William Henry. S. 49

Procter, James (?). Old Castle Buildings, Preeson's Row, Liverpool. Möglicherweise Reverend und geb. 1836 Liverpool, gestorben 1921.

Reeves, Thomas. 16, Burton Street, Pimlico (Westminster, London). International agierender Hersteller von Bleistiften und Wasserfarben *(Reeves & Sons).*

Risley, J. B. Civil Engineer. Brondeg, Ferryside, South Wales. Ging wahrscheinlich in die USA und arbeitete in verschiedenen Staaten in Sägemühlen und am Bau.

Roberts, Major H.C. (*House of Commons*) (1832-1914). 48, Hereford Road, Bayswater (Westminster/London). Eines dieser Understatements im Mitgliederverzeichnis: Es ist Frederick Roberts, der spätere 1st Earl Roberts, einer der bekanntesten Offiziere der viktorianischen Ära, in allen Kolonialkonflikten dabei, später Feldmarschall.

Rumble, E.L., A.S.E. (Aero Systems Engineering?). Chestnut Villa, Queens Road, Barking, Essex

Rumble, F. Ireland. 15, St. Mary's Square, Maida Hill (heute zu Paddington/London)

Russell, Joseph. Streatham Place, Brixton Hill. Sehr wahrscheinlich der Heizungsingenieur (1834-1928) der Firma *Rosser & Russell*, die die »New Colonial and Home Offices« in der Parliament Street ausgerüstet hat. Königliche Patronage (www.hevac-heritage.org).

Senecal, P. S. 129

Shill, Richard E. S. 130

Smyth, Wm. S. 130

Spencer, Charles. S. 131

Stringfellow, John. S. 132

Tolme, J.H. C.E. 9, Victoria Street, Westminster. Eisenbahningenieur. 1863 für die *Ventnor Harbour Company* zusammen mit R.H. Saunders (Isle of Wight).

Tooth, Edwin (geb. 1820). Newhall, near Burton-on-Trent. Kaufmann und Bäcker

Tracy, The Honorable Henry Handbury (1802-89), Gregynog Newton, Montgomeryshire (Wales). Dort bis 1855 Oberstleutnant der Militia. 1838-39 für die Whigs im Parlament. *Steward of the Chiltern Hundreds*, eine Art Treuhänder für königlichen Besitz, der zur Feudalzeit zur Stellung von Bewaffneten verpflichtete.

Vane, The Right Honorable Earl (George Henry Robert Charles William Vane-Tempest, 5th Marquess of Londonderry (26 April 1821 – 6 November 1884), styled Viscount Seaham) Holderness House, Park Lane. Familie verbandelt mit Lord Dufferin. Saß im House of Lords und wohnte in London im Argyll House. Engagierte sich im Eisenbahnbau in Wales.

Walker, Thomas, 24, Oxford Street, Birmingham. Maschinenbauer (*Thomas Walker & Sons*), steam boiler (Dampfkessel), alarm water gauges (Messgeräte). Kannte Argyll als Mitglied in der *British Association for the advancement of science.*

Werninck, Alfred (1845-1934), South Villa, Guildford / Surrey, Südostengland. Wahrscheinlich Reverend, geb. in Wokingham, Berkshire, gest. in Lexden, Essex

Young, E.W., C.E., 8, New Street, Spring Gardens, London. Eisenbahningenieur für die *Glasgow & Cape Breton Company*, später für die *Roster Union Pacific Railroad*. Hatte bereits 1868 auf dem Meeting der *Society* im *Crystal Palace* vorgeschlagen, Flügel unter starkem und gleichmäßigem Luftstrom zu testen.

Mitglieder der *Société française de navigation aérienne 1876*

Conseil

Jules Armengaud. Absolvent der *École polytechnique*. Ingenieur, Jurist (Einsatz für Urheberrechte). Grabinschrift Père Lachaise: »Jules Alexis Marie Armengaud, 12 juin 1842 – 6 mars 1921, ingénieur conseil et juriste éminent, chevalier de la légion d'honneur, ancien élève de *l'école polytechnique*, créateur du droit de priorité, promoteur de la navigation aérienne, ancien membre du conseil municipal de Paris, ancien président de *l'association des ingénieurs conseils*, ancien président de la *société de la navigation aérienne*«.

Charles du Hauvel d'Audreville. Sekretär der *Société*. Ingenieur. Lauréat de l'*Institut*. Er war ein unbeugsamer Gegner des Propellers, das genaue Gegenteil von Nadar.

Félix Caron. S. 64
Mitglied des Conseil der *Société*. Patentanwalt. Eigenes Patent am 5.4.1880 für einen Gashahn (Robinet à gaz permanante).

O. Frion. Chemiker (Ballistique nouvelle à gaz liquéfié – Le fusil Paul Giffard. *Revue scientifique* 19.8.1890, No. 8).

Dr. Abel Hureau de Villeneuve. S. 63, 64
Vizepräsident. Lauréat de *l'Institut* (Preisträger des ursprünglich *Académie des Sciences* genannten *Institut de France*).

Aimé Laussedat (1819-1907). Präsident. Colonel du génie (Oberst der Pioniere). Président de la *commission des aérostats militaires au ministère de la guerre* (Präsident der Kommission für Militärballons im Kriegsministerium).

Dr. Etienne-Jules Marey. S. 68
Professor am *Collège de France*.

Alphonse Pénaud. Lauréat (Preisträger) de *l'Institut* (*Académie des sciences*).

G. Poignant. Schatzmeister der *Société*. Advokat. Schrieb über die Amtsbefugnisse von Gemeinden. Er muss in den höchsten Kreisen verkehrt haben (*Le Gaulois* 1868 als Teilnehmer an einer Beerdigung, an der auch die l'Impératrice Eugénie und der halbe Hochadel Frankreichs vertreten war).

Louis Redier (1845-1914). Uhrmacher wie sein Vater Antoine, mit Werkstatt in Saint-Nicolas d'Aliermont bei Dieppe. Ihre Spezialität war die Verbindung eines Uhrwerks mit Messgeräten, Barometer, Thermometer, Hygrometer, deren Ergebnisse automatisch auf Papierstreifen aufgezeichnet wurden. Der Vater wurde Ritter der Ehrenlegion und war in der Jury der Weltausstellung in Paris. Louis war Ballonfahrer. Am 29.11.1875 Tissandiers Ballonaufstieg *l'Atmosphère* mit Redier, Duté-Poitevin, dem Schwager von Sivel, und den Gebrüdern Frantzen.

Gaston Tissandier. Generalsekretär der *Société*. Chemiker. Ballonfahrer mit gefährlichen Höhenaufstiegen.

Albert Tissandier (1939-1906). Archivar der *Société*. Architekt und Archäologe vor allem in ostasiatischen Ländern. Zusammen mit seinem Bruder Gaston Herausgeber der populärwissenschaftlichen Zeitschrift L*a Nature*. Ballonfahrer. 1883 erster Flug mit einem von einem Elektromotor angetriebenen Luftschiff.

Mitglieder

Paul Bert (1833-86). S. 64
Physiologieprofessor in in Bordeaux 1866, an der Sorbonne 1869 (Hypoxie, Hyperoxie. 1878, La Pression barométrique). Rassist, Laizist, Einsatz für staatliche Schulen (école gratuite).

Jean Duroy de Bruignac, Baron. Ingenieur aus Puy de Dôme, Mitglied des *Institut de France*, vormals *Académie des Sciences*, und der *Société des ingénieurs civils*. Befasste sich mit der Antriebskraft von Propellern (Recherches sur la construction théorique des hélices propulsives, 1885).

Paul-Elie Gauchot. S. 113
Ingenieur, Zusammenarbeit mit Pénaud, 1883 Patent auf Regulierung von Dampfmaschinen.

Jules Janssen, (1824-1907). Astronom. Mitglied des *Institut de France*, Gründer des *Observatoire astronomique de Meudon* (1876).

Claude Jobert (1829-1903). S. 118
Mechaniker, Zusammenarbeit mit Pénaud.

Hervé Mangon (1821-88). Brückeningenieur, Agrarminister 1885, seit 1872 Mitglied des *Institut de France*, Direktor des *Conservatoire national des Arts et Métiers* und Präsident des *Bureau central de météorologie*. 1875 Autor einer Abhandlung über die Modernisierung der Landwirtschaft (Traité du génie rural,travaux, instruments et machines agricoles).

Hippolyte Motard (1808-81). Absolvent der *École polytechnique*, Mitbegründer der *Société*. Verbesserungsvorschläge am Ballon.

Arsene Olivier. Ehemaliger Kaufmann. Veröffentlichte 1876 mit Hilfe der *Société* einen Essay über neue Ballons (Les nouveaux Ballons), in dem er die Verwendung von Japanpapier zur Gewichtserleichterung vorschlägt. Auch andere Konstruktionsteile sollten leichter gebaut werden, einschließlich der Ventile und der Gondel, um sie leichter zu steuern und zu verbilligen.

Gustave de Ponton d'Amécourt (1825-88). S. 18, 19, 35
Modellhubschrauber mit Gabriel de la Landelle unter Verwendung von Aluminium 1863.

Kampont. Senator. Postdirektor während der Belagerung von Paris. Zusammenarbeit mit Nadar bei der Organisation der Ballonaufstiege (W. de Fonvielle, Ballon ascents for military purposes. In: *Nature* 8.12.1870, S. 115).

Emmanuel Renoir. S. 53, 129
Chef einer Telegraphenstation.

»Tafel über die Fliegerei« von Dieuaide

Das »Tableau d'Aviation« (»Tafel über die Fliegerei«) des Ingenieurs und Patentanwalts Emmanuel Dieuaide von 1880 hat Chanute fast ausschließlich für seine Abbildungen benutzt. Es dient hier als Vorlage, auf die zurückgegriffen werden kann. Da die Tafel im Orginal 71 x 54 cm groß ist, ist die Schrift in der Reproduktion in kleinem Format nicht immer zu entziffern. Aus Gründen der besseren Lesbarkeit wurde die Tafel in zwei Hälften geteilt. Im Folgenden werden die Erfinder Zeile für Zeile von links nach rechts benannt.

1. Zeile:
Leonardo da Vinci – Besnier – Barthélemy-Laurent de Gusman – Marquis de Dacqueville – Rétif de la Bretonne – Gérard – Launoy et Bienvenu – Jacob Degen – Henson – Cossus

2. Zeile:
Aubaud – Letur – Michel Loup – Bréant – Viscount Carlingford – Le Bris – Du Temple – Bright

3. Zeile:
Smythies – De Ponton d'Amécourt – de la Landelle – De Louvrié – Comte d'Esterno – De Groof – Struve et Telescheff – Claudel – Bourcart – Le Bris

4. Zeile:
Kaufmann – Smyth – Butler et Edwards – Stringfellow – Pringent – Danjard – Pomès et de la Pauze – Thomas Moy – Pénaud

5. Zeile:
Jobert – Hureau de Villeneuve – Pénaud – Jobert – Achenbach – Pénaud et Gauchot – E. Dieuaide – Mélikoff

6. Zeile:
De Louvrié – Castel – Forlanini – Pomès – Brearey – Tatin – Dandrieux – Edison

Abbildung S. 150/151 mit freundlicher Genehmigung:

TAFEL ÜBER DIE FLIEGEREI

STELLT ALLES BEMERKENSWERTE ÜBER DIE LUFTFAHRT DAR, OHNE DIE BALLONE ZU BERÜCKSICHTIGEN

Nach Dokumenten aus der Sammlung von **DR. HUREAU DE VILLENEUVE**

Bearbeitet von **E. DIEUAIDE**, Verfasser der Tafel über mechanische Bewegungen, zur Erleichterung von Studien

HINWEIS: Die mit * bezeichneten Geräte wurden gebaut und erprobt.

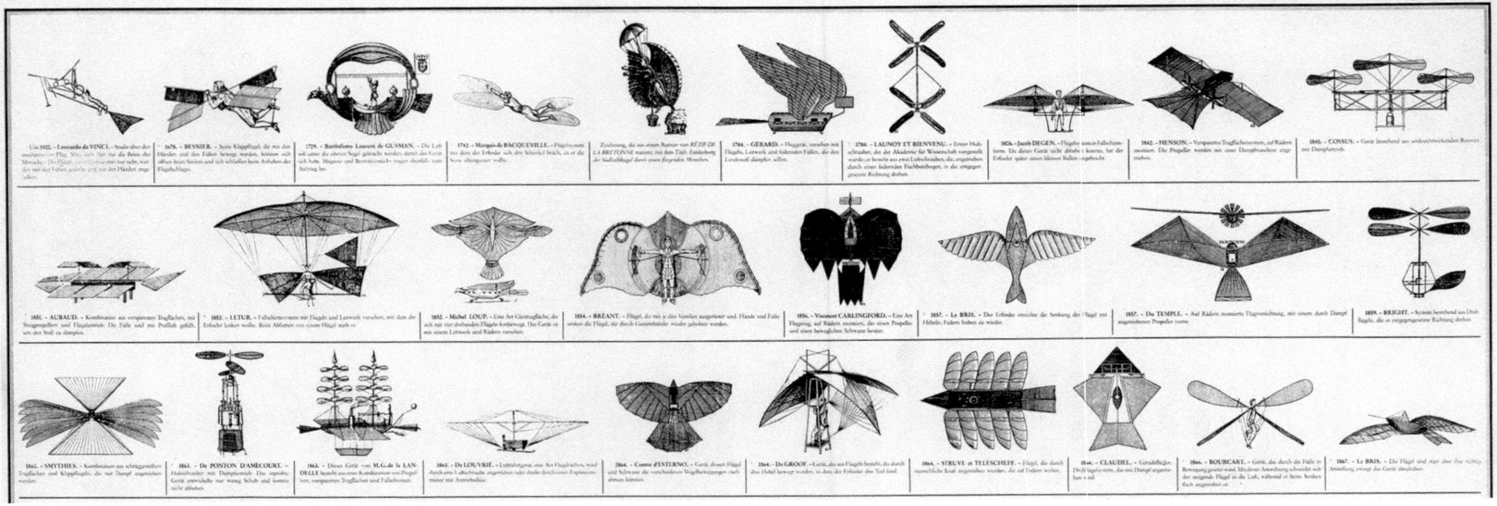

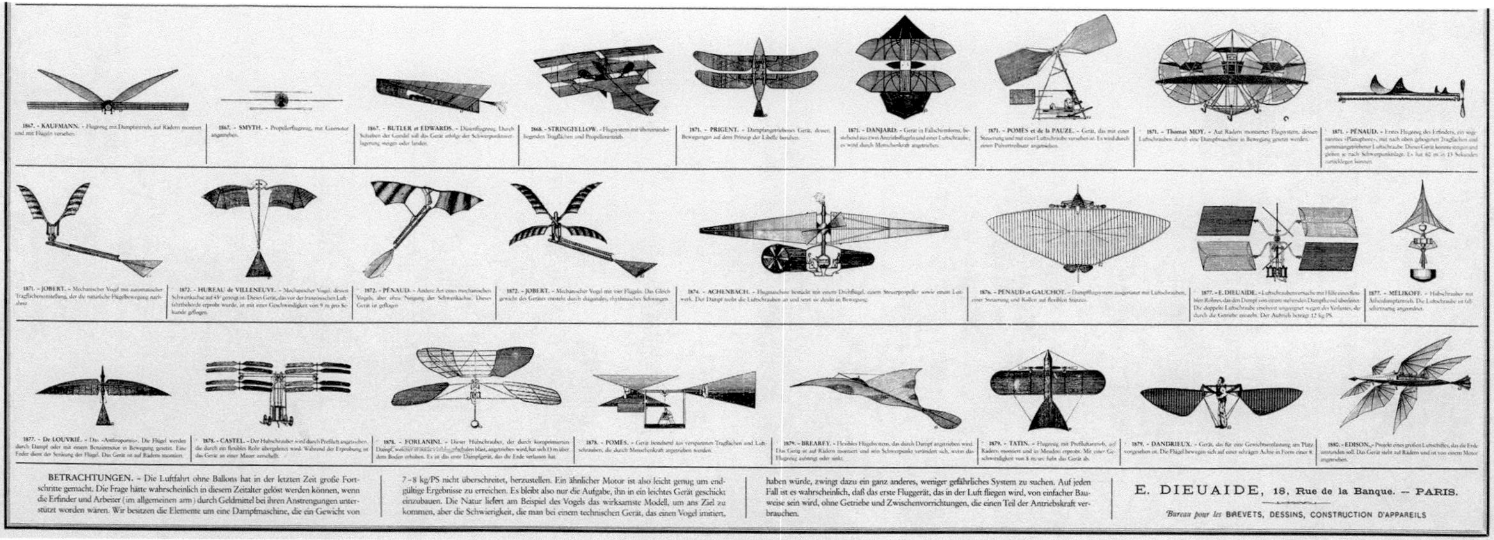
1867. – KAUFMANN. – Flugzeug mit Dampfantrieb, auf Rädern montiert und mit Flügeln versehen.
1867. – SMYTH. – Propellerflugzeug, mit Gasmotor angetrieben.
1867. – BUTLER et EDWARDS. – Düsenflugzeug. Durch Schieben der Gondel soll das Gerät infolge der Schwerpunktverlagerung steigen oder landen.
1868. – STRINGFELLOW. – Flugsystem mit übereinanderliegenden Tragflächen und Propellerantrieb.
1871. – PRIGENT. – Dampfangetriebenes Gerät, dessen Bewegungen auf dem Prinzip der Libelle beruhen.
1871. – DANJARD. – Gerät in Fallschirmform, bestehend aus zwei Antriebsflügeln und einer Luftschraube; es wird durch Menschenkraft angetrieben.
1871. – POMÈS et de la PAUZE. – Gerät, das mit einer Steuerung und mit einer Luftschraube versehen ist. Es wird durch einen Pulvertreibsatz angetrieben.
1871. – Thomas MOY. – Auf Rädern montiertes Flugsystem, dessen Luftschrauben durch eine Dampfmaschine in Bewegung gesetzt werden.
1871. – PÉNAUD. – Erstes Flugzeug des Erfinders, ein sogenanntes »Planophore«, mit nach oben gebogenen Tragflächen und gummiangetriebener Luftschraube. Dieses Gerät konnte steigen und gleiten je nach Schwerpunktlage. Es hat 40 m in 13 Sekunden zurücklegen können.
1871. – JOBERT. – Mechanischer Vogel mit automatischer Tragflächeneinstellung, der die natürliche Flügelbewegung nachahmt.
1872. – HUREAU de VILLENEUVE. – Mechanischer Vogel, dessen Schwenkachse auf 45° geneigt ist. Dieses Gerät, das vor der französischen Luftfahrtbehörde erprobt wurde, ist mit einer Geschwindigkeit von 9 m pro Sekunde geflogen.
1872. – PÉNAUD. – Andere Art eines mechanischen Vogels, aber ohne Neigung der Schwenkachse. Dieses Gerät ist geflogen.
1872. – JOBERT. – Mechanischer Vogel mit vier Flügeln. Das Gleichgewicht des Gerätes entsteht durch diagonales, rhythmisches Schwingen.
1874. – ACHENBACH. – Flugmaschine bestückt mit einem Drehflügel, einem Steuerpropeller sowie einem Laufwerk. Der Dampf treibt die Luftschrauben an und setzt sie direkt in Bewegung.
1876. – PÉNAUD et GAUCHOT. – Dampfflugsystem ausgerüstet mit Luftschrauben, einer Steuerung und Rollen auf flexiblen Stützen.
1877. – E. DIEUAIDE. – Luftschraubenversuche mit Hilfe eines flexiblen Rohres, das den Dampf von einem stehenden Dampfkessel überleitet. Die doppelte Luftschraube erscheint ungeeignet wegen des Verlustes, der durch die Getriebe entsteht. Der Auftrieb beträgt 12 kg PS.
1877. – MÉLIKOFF. – Hubschrauber mit Ätherdampfantrieb. Die Luftschraube ist fallschirmartig angeordnet.
1877. – De LOUVRIÉ. – Das »Antiropornis«. Die Flügel werden durch Dampf oder mit einem Benzinmotor in Bewegung gesetzt. Eine Feder dient der Senkung der Flügel. Das Gerät ist auf Rädern montiert.
1878. – CASTEL. – Der Hubschrauber wird durch Preßluft angetrieben, die durch ein flexibles Rohr übergeleitet wird. Während der Erprobung ist das Gerät an einer Mauer zerschellt.
1878. – FORLANINI. – Dieser Hubschrauber, der durch komprimierten Dampf, welcher in [illegible] bläst, angetrieben wird, hat sich 13 m über dem Boden erhoben. Es ist das erste Dampfgerät, das die Erde verlassen hat.
1878. – POMÈS. – Gerät bestehend aus verspannten Tragflächen und Luftschrauben, die durch Menschenkraft angetrieben werden.
1879. – BREAREY. – Flexibles Flugsystem, das durch Dampf angetrieben wird. Das Gerät ist auf Rädern montiert und sein Schwerpunkt verändert sich, wenn das Flugzeug aufsteigt oder sinkt.
1879. – TATIN. – Flugzeug mit Preßluftantrieb, auf Rädern montiert und in Meudon erprobt. Mit einer Geschwindigkeit von 8 m/sec hebt das Gerät ab.
1879. – DANDRIEUX. – Gerät, das für eine Gewichtsentlastung am Platz vorgesehen ist. Die Flügel bewegen sich auf einer schrägen Achse in Form einer 8.
1880. – EDISON. – Projekt eines großen Luftschiffes, das die Erde umrunden soll. Das Gerät steht auf Rädern und ist von einem Motor angetrieben.
BETRACHTUNGEN. – Die Luftfahrt ohne Ballons hat in der letzten Zeit große Fortschritte gemacht. Die Frage hätte wahrscheinlich in diesem Zeitalter gelöst werden können, wenn die Erfinder und Arbeiter (im allgemeinen arm) durch Geldmittel bei ihren Anstrengungen unterstützt worden wären. Wir besitzen die Elemente um eine Dampfmaschine, die ein Gewicht von 7–8 kg/PS nicht überschreitet, herzustellen. Ein ähnlicher Motor ist also leicht genug um endgültige Ergebnisse zu erreichen. Es bleibt also nur die Aufgabe, ihn in ein leichtes Gerät geschickt einzubauen. Die Natur liefert am Beispiel des Vogels das wirksamste Modell, um ans Ziel zu kommen, aber die Schwierigkeit, die man bei einem technischen Gerät, das einen Vogel imitiert, haben würde, zwingt dazu ein ganz anderes, weniger gefährliches System zu suchen. Auf jeden Fall ist es wahrscheinlich, daß das erste Fluggerät, das in der Luft fliegen wird, von einfacher Bauweise sein wird, ohne Getriebe und Zwischenvorrichtungen, die einen Teil der Antriebskraft verbrauchen.
E. DIEUAIDE, 18, Rue de la Banque. – PARIS.
Bureau pour les BREVETS, DESSINS, CONSTRUCTION D'APPAREILS

Anmerkungen

1 Rapport sur un Mémoire de M. Chabrier concernant les moyens de voyager dans l'air et s'y diriger, contenant une nouvelle théorie des mouvements progressifs, lu le 5 octobre 1829. (J. Chabrier war ehemaliger Stabsoffizier, beschäftigte sich mit Insekten- und Vogelflug und Ballonfahrten) in »Histoire de *l'Académie Royale des Sciences de l'Institut de France*« t. 11, 1832.
2 Vol des oiseaux: Équation du travail, erreur de Navier, aviation. In *Les Mondes, Revue hebdomadaire des sciences* (des Abbé Moigno). 21.12.1866, S. 651.
3 1849 A report to the Committee for the establishment of steam navigation on the rivers of India by John Bourne C.E. und *The Artizan* 1854.
4 *The Mechanic's Magazine* (Vol. LX , 7.1.-24.6.1854, S. 20). America in Fifty Hours; India and Back in a Fortnight: being Suggestions for certain Improvements in the Construction of Steam Vessels«. London. 1852.
5 Colonization; or A project for rendering our colonial territories accessible to the population of the United Kingdom. London 1852, S. 10.
6 *Annual Report* 1866, S. 59, 99,174, 231.
7 Julius Engelmann u.a., Der Weltverkehr und seine Mittel. Leipzig und Berlin 1879, S. 324.
8 Autobiography and Memoirs, 1906 posthum. S. 346, 391.
9 Georg Hartwig, Das Leben des Meeres. Frankfurt 1859. S. 149, 150.
10 Brehm's Thierleben, 2. Aufl. 1879, Vögel Bd. 3, S. 560-564. George Bennett, Wanderings in New South Wales... London 1834, Bd. 1, S. 44.
11 Yves Peslin, Jean-Marie Le Bris, marin breton, précurseur de l'aviation. Paris 1944.
12 Gabriel de la Landelle, Dans les Aires. Histoire élémentaire de l'aéronautique, 1884.
13 Thomas Moy, The Flight of the Albatros. In Chanute, Appendix. S. 271.
14 Ian Hamilton, »The Hydrofoil As a Weapon«, in *Pacific Defence Reporter* Aug 1981.
15 Jean Paul's sämmtliche Werke, Berlin 1842, Bd. 30, S. 218.
16 Gustav Mesmer, Flugradbauer, Ikarus vom Lautertal genannt. Tübingen 1999.
17 41st Transactions of the *Society of Arts* 1823.
18 Jim Brown, The Ballywalter and Cloughey Lifeboats. Online.
19 Yachting by R.T. Pritchett, the Marquis of Dufferin and Ava, K.P., James McFerran, Rev. G.L. Blake, T.B. Middleton, Edward Castle and Robert Castle, G. Christopher Davies, Lewis Herreshoff, the Earl of Onslow, G.C.M.G., H. Horn, Sir George Leach, K.C.B., Vicepresident Y.R.A. London 1894.
20 National Archives Project. Ship Registers of New Bedford Massachusetts Volume v.2, S. 264, Whaling Project – City of Bedford. Online.
21 Instruction sur la nouvelle Machine inventé par MM. Launoy, Naturaliste, & Bienvenu, Machiniste-Physicien, qui a été annoncée dans le Journal de Paris, le 19 Avril 1784, s.l., 1784, in-18°, 20 p., avec fig. (BnF, VZ 2119), p. 7. Eigene Übersetzung:

»Les secours que l'on a empruntés de la méchanique, n'ont jusqu'à présent produit aucun effet satisfaisant, plusieurs savants ont déjà prononcé même qu'il étoit impossible de diriger ces machines par des moyens puisés dans la méchanique. [...] Néanmoins, à l'aide de cette science, nous sommes parvenus à créer la Machine que nous annonçons aujourd'hui au Public, & sans le secours des Ballons, elle nous fait espérer une ascension rapide & certaine, elle trouve la force motrice en elle-même, & s'élève dans l'Atmosphère, par sa propre énergie: nous osons même espérer que le véhicule de son ascension deviendra celui de sa direction.«

22 Patrice Bret, Un bateleur de la science: Le »machiniste-physicien« François Bienvenu et la diffusion de Franklin et Lavoisier. In Revolution françaises Oct-Dec. 2004, S. 388 (mit Foto und weiteren Details).

23 Nouveau dictionnaire d'histoire naturelle, appliquée aux arts, Bd. 23 1808, S. 164, Bulletin des Sciences par la Société philomatique 1791, dort als le C. Launoy, der Citoyen Launoy. *Journal des mines* T. 43, ans VI (1798), S. 272. Carl Caesar Leonhard, Taschenbuch für die gesammte Mineralogie. Frankfurt 1809, S. 50.

24 In einer Zeitung aus Sidney: *The Colonial Observer*, No. 38, Vol. III, 19.12.1844. Zuerst im *Mining Journal and Commerce*).
THE AERODIPHROS AND AERIAL COURIER COMPANY. – A prospectus is now fairly before the public for the formation of a company for navigating the air, the projector of which is Mr. W. H. Phillips of Bloomsbury square, who is also the patentee of an aerial machine, which he calls the »Aerodiphros,« and which machine he states is capable of being made to carry from ten to twelve persons or an equivalent weight of luggage, propelled by steam power, and the average speed to travel is 100 miles per hour, and which can be much increased if necessary. It is stated in the prospectus that the patentee has determined the capabilities of his machine by actual experiment; if so, he is, at all events, in the field before Mr. Henson, and we doubt not he is prepared to enter into such a speculation of the practicability of his scheme. The nominal capital of the company is to be £500,000, in 5000 shares of £100 each – 2500 shares to be appropriated to the public, and the remaining 2500 shares to be the property of the inventor. A deposit of £1 per share is to be paid at the time of application – £1 ten days after the exhibition of the first model – £3 ten days after the first performance as of experimental trip with the second model – and £5 per share ten days after the completion of the first grand carriage, capable of carrying ten or twelve persons for a voyage of 1000 miles. Persons joining the company are not obliged to continue, but can, at any time retire, by the forfeiture of the deposit, or any instalments which may have been paid. We understand that the day for the public exhibition of the first model, and its ascent, will be fixed very shortly, as the encouragement given by the public is such as to ensure the success of the company.

25 Chanute, Progress in Flying Machines, S. 51.

26 Anderson, A History of Aerodynamics. Cambridge University Press 1999, S. 237

27 Gabriel de la Landelle, Dans les Airs, S. 197. L' Aéronaute 1870/03). Gaston Tissandier, La Navigation aérienne. L'Aviation et la direction des Aérostats

dans les temps anciens et modernes. Paris 1886. Chanute, Flying Machines, S. 92.

28 F.F. Steenacker, Les Télégraph et les Postes pendant la guerre 1870-1871« (S. 458-486).

29 de la Landelle, Dans les Airs, Histoire élémentaire de l'aéronautique. Paris 1884, S. 197, *L'Aéronaute* 04/1873, Chanute, Flying Machines S. 58.

30 Ausführliche Beschreibung von J. Castel in *L'Aéronaute* 1878/01, S. 33.

31 archives.gironde.fr, Répertoire numérique de la série V cultes (1800-1940) Sous-Série 1 V Clergé catholique séculier, Préfecture de la Gironde.

32 Patent No. 430. Box 5, Folder 166, Pat. 430,Valentine, Tomlinson,Travels in Space: A History of Aerial Navigation. London 1902, S.216.

33 Chanute, Aerial Machines S. 135, Brevet d'invention 1878, S. 821, 924.

34 *Comptes rendus hebdomadaires des séances de l'Académie des sciences 1890/01-06, S. 1317.*

35 Gaston Tissandier, En Ballon! Pendant le Siège de Paris. Souvernirs d'un Aéronaute. Paris 1871, S. X.

36 Kevin Desmond, À la Recherche de Trouvé. Édition Pleine Page 2012, S. 152.

37 Marc von Lüpke, Vater des Gemetzels, Spiegel-online 23.9.2013.

38 Werner Schwipps (Hg.), Otto Lilienthals Flugtechnische Korrespondenz. Anklam 1993, S. 176.

39 *L'Aéronaute* 1880/01, S. 15-21, mit Zeichnungen seiner Modelle.

40 Brevet vom 26.1.1864, No. 61665: »Machine destinée à obtenir la direction aérienne en imitant les muvements des oiseaux.

41 *L'Aéronaute* 1880/11, S. 259.

42 L'Empire de l'Air. Essai d'ornothologie, appliquée à l'aviation. Paris, Libraire de l'Académie de médécine, 1881.

43 Préface in *La Revue Scientifique* 19 octobre 1889, eigene Übersetzung.
Enfin, dans la quatrième partie, il sera question du vol plane et du vol à voile : formes étranges où l'aile est passive et immobile, tandis que l'air agit pour la soulever, comme il ferait d'un cerf-volant.
Ces deux genres de vol, qui semblent si simples dans leur mécanisme, puisque l'oiseau n'a qu'à se laisser porter par l'air, sont toutefois les plus mal connus jusqu'ici. Cela tient à ce qu'ils échappent à l'expérimentation. Le vol à voile surtout, ne se produisant que dans certaines conditions exceptionnelles, n'a été vu que par un petit nombre d'observateurs. En l'absence de toute théorie satisfaisante pour l'expliquer, les mécaniciens se sont longtemps bornés à en nier l'existence ; mais d'importantes études, faites dans ces dernières années, en attestent la réalité et en font même entrevoir l'explication mécanique.

44 *Streatham Society News* No. 203, Winter 2010/2011.

45 Zit. n. Simine Short, Locomotive to Aeromotive. Octave Chanute and the Transportation Revolution. University of Illinois Press 2011, S.121. eigene Übersetzung.

46 Richard Dee, *The Man who Discovered Flight. George Cayley and the First Aerplane.* Toronto 2007, S. 218.

47 Texas Lore full of fliers before flying was history. Orginal: *The Dallas Morning News*, Oct 2001.

48 Salomon's Seal. A Key to the Pyramid, 1880. The yard or the metre, which will ye choose? 1891.

49 International Exhibition, 1876: Official Catalogue.

50 OAC, Online Archive California. www.oac.cdlib.org/findaid/ark:/13030/kt7779s1ct/).

51 US Pat. 376937 v. 24.1.1888/Kim Briggeman, Montana Historic Almanac.

52 U.S. Pat. No 243,834.

53 US Pat. No. 190,730 vom 15.5.1877.

54 *Aurora Daily Express* 30.11.1898, *The lola Register* 29.5.1899.

55 County History Museum in Redwood City. 1869: Frederick Marriott & His Flying Machine. Posted on July 1, 2009 by June Morrall.

56 Daniel E. Russell, Dudgeon's Flying Machine. Online PDF.

57 US Pat. No, 220473 vom 14.10.1879.

58 *Scientific American* Supplement No. 835, 2.1.1892.

59 *Cosmopolitan Magazine*, Nov. 1892, S. 89.

60 Mechanical Flight. *Cassier's Magazine*, Febr. 1893, S. 244.

61 Werner Schwipps (Hg.) *Otto Lilienthals flugtechnische Korrespondenz.* Anklam 1993, S. 128-141.

62 Gerd Fritz Leberecht, Luftfahrten im Frieden und im Kriege. Berlin 1913, S. 245.

Der Autor

Helmut Veil, geb. 1943, war Allgemeinarzt in Frankfurt am Main und beschäftigt sich seit Jahrzehnten mit der Geschichte der Naturwissenschaften. Er untersucht die kulturellen und ideellen Voraussetzungen epochaler Gärungsprozesse der Naturerkenntnis, in denen sich festgefügte Erklärungsmuster zersetzen und neue noch nicht etabliert haben.

Bisher erschienen

Von der Meteorologie der Sphären zum irdischen Vakuum. Wissenschaft und Religion im Barock. Ein intellektuelles Milieu – wiederbelebt aus Erasmus Franciscis Diskurs über die Luft · 2009 · ISBN 978-3-934157-99-6 · Hardcover · 384 Seiten · 51 Abbildungen · Buchausgabe 42,– Euro · E-Book (PDF) 18,– Euro

Geistesblitz und kühne Vermutung. Eine historische Studie zur Spekulation in den Naturwissenschaften – Ptolemäus, Cusanus, Fracastorius, Stahl, Yukawa · 2010 · ISBN 978-3-941743-08-3 · Broschiert · 120 Seiten · 18 Abbildungen · Buchausgabe 19,80 Euro · E-Book (PDF) 9,80 Euro

Mitten im Umsturz Europas. Der Geologe und Revolutionär Faujas de Saint-Fond (1741 bis 1819) · 2012 · ISBN 978-3-941743-27-4 · Broschiert · 244 Seiten · 25 Abbildungen · Buchausgabe 24,80 Euro · E-Book (PDF) 12,– Euro